원예 자원식물학

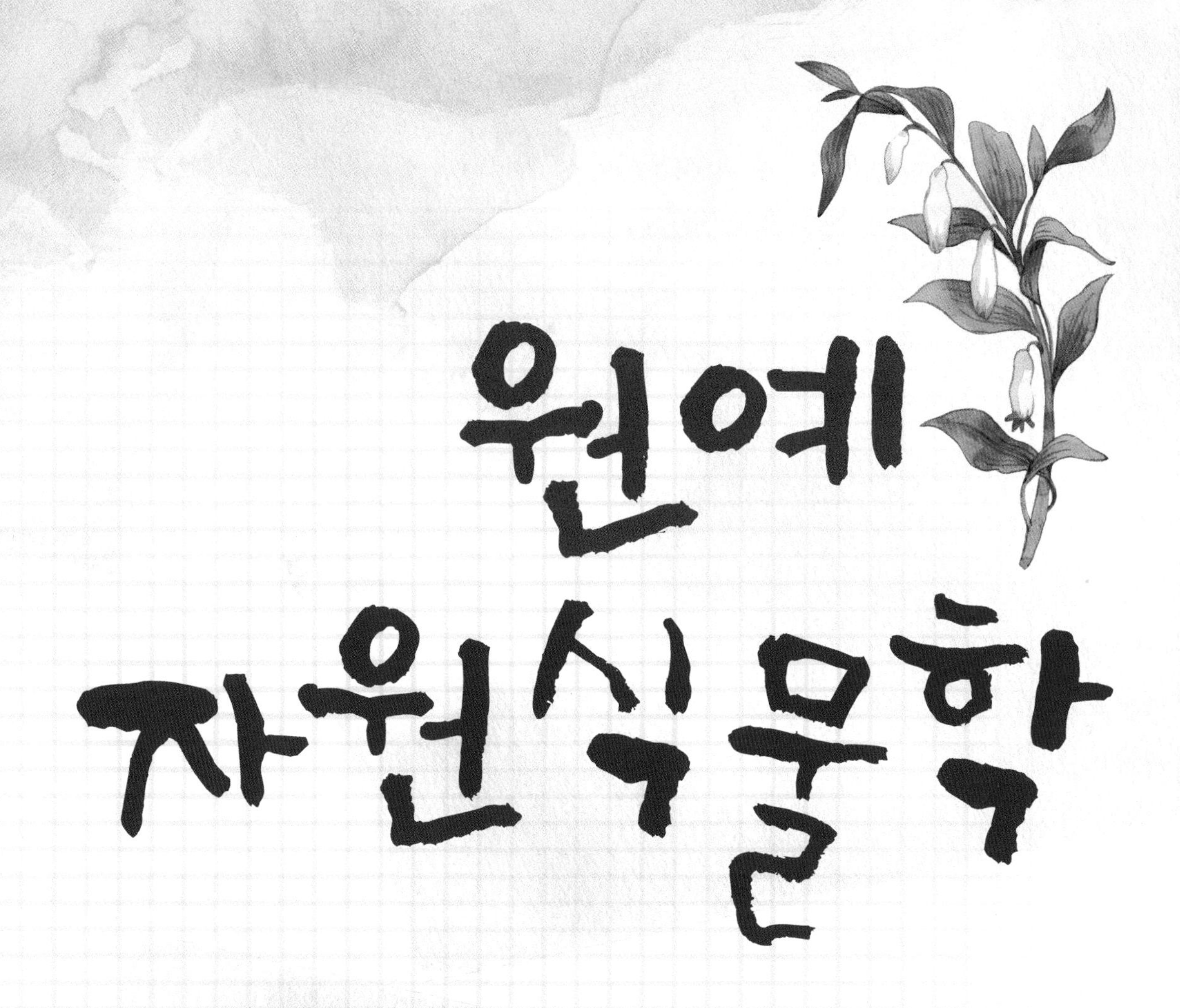

박석근 · 정미나 지음

머리말

사람이 아무리 만물의 영장이라고 자랑해도 식물이 없이는 하루도 살아가기 어렵다.

인류가 존재한 이후로 숨쉬기 위한 산소는 말할 것도 없고 의, 식, 주 및 약 등을 모두 식물로부터 얻어 사용하였다.

인류의 전쟁은 자원 전쟁이었고 현재도 그러한 전쟁은 계속되고 있다.

자원을 많이 가지고 있고 이들을 활용하여 부가가치를 높이는 국가는 부강하게 되고 자원이 없거나 있어도 활용을 못하는 나라는 가난을 면치 못하고 살게 된다.

지피지기면 백전백승이라고 했다.

나를 알고 적을 알면 반드시 이긴다는 말이다.

우리는 우리가 생활하는 데에 가장 중요한 자원, 특히 식물자원에 대하여 너무나 모르고 지낸다.

최근에는 배고픔을 해결하기 위한 것이 아니고 웰빙을 위한 식물의 이용이 대두되고 있다.

이 책에서는 원예와 관련되어 주요 작물이 아닌 야생 및 자생의 원예자원식물들 중 중요하다고 생각되는 것에서 일부를 정리하였다.

이 책이 원예를 전공하는 사람들과 원예에 관심을 가지고 있는 많은 이들에게 도움이 되었으면 하는 작은 바람이다.

2012. 1.

저자 일동

CONTENTS

제1장
자원 및 자원식물의 개념

1. 자원의 정의

자원(資源)이란 간단히 말해서 산업의 원료 • 재료라 할 수 있으나 그 개념이 매우 포괄적이며 때로는 경우에 따라 그 구성 내용을 다소 달리한다고 할 수 있다. 따라서 자원을 획일적으로 분류하는 일정한 분류 방법은 아직 정립되지 못하고 있으므로 이 책에서의 분류는 그 자원이 사용함에 고갈되어 소비되는 여부에 따라 나누어 다음 방식에 따르려고 한다.

1) 자원의 종류

(1) 소비자원(消費資源)

① 천연자원(天然資源) : 토지, 물, 수림, 광물(鑛物), 야생식물, 동물 등
② 인공자원(人工資源) : 공장, 농업관개시설(農業灌漑施設) 등
③ 인적자원(人的資源) : 노동력, 기술자원 등

(2) 비소비자원(非消費資源)

① 기후(氣候), 지형(地形) : 한대, 온대, 아열대, 열대, 평지, 산지, 평지 등
② 생산기술(生産技術) : 건조기술, 저장기술 등
③ 제도(制度), 조직(組織) : 통계제도, 환율제도, 사회조직, 경영조직 등
④ 문화자원(文化資源) : 관광문화, 음식문화, 차문화, 청소년문화 등

2. 자원식물의 개념

자연계에는 35~40만 종의 식물이 서식하고 있는데 우리나라에서 서식하는 종은 약 4,000여 종 이상에 달한다고 한다. 이 중에는 사람에게 유해한 식물도 많으나 유용한 식물도 많다. 뿌리나 줄기, 잎, 열매 등 인간이 다방면으로 활용할 수 있는 식물은 전부 자원식물에 포함할 수 있을 것으로 보인다.

자원식물은 용도 및 성분에 따라 분류하면 다음과 같이 나눌 수 있다.

1) 자원식물의 종류

(1) 기호료 자원식물(嗜好料 資源植物)

식물명	학명	과명
담배	*Nicotiana tabacum*	가지과
돌외(덩굴차)	*Gymostemma pentaphyllum*	박과
유자나무	*Citrus jynos*	운향과
차	*Thea inensis*	차나무과
치커리	*Cichorium intybus*	국화과
카카오	*Theobroma cacao*	벽오동과
커피	*Coffea* spp.	꼭두서니과
호프	*Humulus lupulus*	삼과

(2) 당분 자원식물(糖分 資源植物)

식물명	학명	과명
사탕무	*Buta vulgaris* var. *sacchatifera*	명아주과
사탕수수	*Saccharum officinatum*	벼과
단수수	*Sorghum bicolor*	벼과
스테비아	*Stevia rebaudiana*	국화과

(3) 밀원 자원식물(蜜源 資源植物)

식물명	학명	과명
밤나무	*Castanea crenata*	참나무과
아까시나무	*Robinia pseudo-acacia*	콩과
유채	*Brassica napus*	십자화과
싸리	*Lespedeza biocolor*	콩과
자운영	*Astragalus sinicus*	콩과

(4) 섬유 자원식물(纖維 資源植物)

식물명	학명	과명
골풀	*Juncus effusus*	골풀과
닥나무	*Broussonetia kazinoki*	뽕나무과
모시풀	*Broussonetia nivea*	쐐기풀과
목화	*Gossypium indicum*	아욱과
삼	*Cannabis sativa*	삼과
아마	*Linum usitatissimum*	아마과

어저귀	*Abutilon avicennae*	아욱과
왕골	*Cyperus exaltatus*	사초과

(5) 수지 자원식물(樹脂 資源植物)

식물명	학명	과명
붉나무	*Rhus chinensis*	옻나무과
옻나무	*Rhus verniciflua*	옻나무과
고무나무	*Ficus* spp.	뽕나무과

(6) 약용 자원식물(藥用 資源植物)

식물명	학명	과명
감초	*Glycyrrhiza uralensis*	콩과
강활	*Ostericum koreanum*	산형과
길경(도라지)	*Platycodon grandiflorum*	초롱꽃과
구기자	*Lycium chinensis*	가지과
당귀	*Angelica gigas*	산형과
달맞이꽃(월견초)	*Oenothera odorata*	바늘꽃과
더덕	*Codonopsis lanceolata*	초롱꽃과
두충	*Eucommia ulmoides*	두충과
만삼	*Codonopsis pilosula*	초롱꽃과
목단(모란)	*Paeonia suffryticosa*	미나리아재비과
명일엽	*Angelica utilis*	산형과
맥문동	*Liriope platyphylla*	백합과
반하	*Pinellia ternata*	천남성과
백지(구릿대)	*Angelica dahurica*	산형과
산수유	*Cornus officinalis*	층층나무과
산약(마)	*Dioscorea batatas*	마과
삽주	*Atactylodes ovata*	국화과
시호	*Bupleurum falcatum*	산형과
식방풍	*Peucedanum japonicum*	산형과
작약	*Paeonia lactiflora*	미나리아재비과
지모	*Anemarrhena glutinosa*	지모과
지황	*Rehmannia asphodeloides*	현삼과
어성초(약모밀)	*Houttuynia cordata*	삼백초과
영지	*Ganoderma lucidum*	구멍장이 버섯과
인삼	*Panax ginseng*	두릅나무과
오미자	*Schisandra chinensis*	오미자과
육계	*Cinnamomum loureirii*	녹나무과

의이인(율무)	*Coix lachryma-jobi*	벼과
천궁	*Cnidium officinale*	산형과
천마	*Gastrodia elata*	난초과
치자	*Gardenia jasminoides* for. *grandiflora*	꼭두서니과
택사	*Alisma orientale*	택사과
패모	*Fritillaria verticillata*	백합과
향부자	*Cyperus rotundus*	사초과
홍경천(참돌꽃)	*Rhodiola sachinensis*	돌나물과
황기	*Astragalus membranaceus*	콩과

(7) 염료 자원식물(染料 資源植物)

식물명	학명	과명
꼭두서니	*Rubia akane*	꼭두서니과
소엽(자소)	*Perilla frutescens*	꿀풀과
잇꽃(홍화)	*Carthamus tinctorius*	국화과
지치(자초)	*Lithospermum erythrorhizon*	지치과
쪽	*Persicaria tinctoria*	마디풀과
치자	*Gaedenia jasminoides*	꼭두서니과

(8) 유지 자원식물(油脂 資源植物)

식물명	학명	과명
들깨	*Perilla frutescens*	꿀풀과
아주까리	*Ricinus communis*	대극과
올리브	*Olea europaea*	물푸레나무과
유채	*Brassica napus*	십자화과
참깨	*Sesamum indicum*	참깨과
해바라기	*Helianthus annuus*	국화과
땅콩	*Arachis hypogaea*	콩과

(9) 전분 자원식물(澱粉 資源植物)

식물명	학명	과명
감자	*Solanum tuberosum*	가지과
기장	*Ponicum miliaceum*	벼과
고구마	*Ipomoea batatas*	메꽃과
밀	*Triticum aestivum*	벼과
밤	*Castanea crenata*	참나무과
벼	*Oryza sativa*	벼과
보리	*Hordeum vulgare*	벼과

수수	*Sorghum bicolor*	벼과
옥수수	*Zea mays*	벼과
조	*Setaria italica*	벼과

(10) 향료 자원식물(香料 資源植物)

식물명	학명	과명
고수	*Coriandrum sativum*	산형과
계피나무	*Cinnamomum cassia*	녹나무과
라벤더	*Lavender spica*	꿀풀과
라일락	*Syringa* spp.	물푸레나무과
로즈마리	*Rosmarius officinlis*	꿀풀과
바닐라	*Vanilla* spp.	난초과
박하	*Mentha* spp.	꿀풀과
아까시나무	*Robinia pseudo-acacia*	콩과
오렌지	*Citrus* spp.	운향과
재스민	*Jasminum odoratissimum*	물푸레나무과
장미	*Rosa* spp.	장미과
카모마일	*Matricaria chamomilla*	국화과

(11) 향신료 자원식물(香辛料 資源植物)

식물명	학명	과명
고추	*Capsicum annum*	가지과
고추냉이	*Wasabia koreana*	십자화과
겨자	*Brassica juncea*	십자화과
겨자무	*Armoracia lapathifolia*	십자화과
마늘	*Allium sativum*	백합과
산초나무	*Zanthoxylum schinfolium*	운향과
생강	*Zingiber officinale*	생강과
양하	*Zingiber mioga*	생강과
울금	*Curcuma longa*	생강과
초피나무	*Zanthoxylum piperitum*	운향과
후추	*Piper nigrum*	후추과

위와 같이 대표적인 분류를 하였으나 많은 식물이 포함된다. 그러나 어느 범위에 속하느냐는 그 용도에 따라 매우 다르다. 더덕은 식용으로, 약용으로 재배할 수 있으며 해바라기는 유지자원으로 재배하나 사료용, 펄프, 밀원식물로 재배하면 용도가 달라지고 사용부위도 달라진다. 결과적으로 재배의 주안점이 어떠냐 하는 것이 문제이다.

3. 자원식물의 특성

자원식물은 그 서식처가 대단히 넓고 그에 따른 제한 요소도 많다. 따라서 종류와 용도가 매우 다양하며 그 기원이 복잡하고, 재배와 생산 기술 • 가공 면에서의 방안, 경제성 등이 문제가 된다.

자원식물은 그 특성이 비슷한 점이 많은데 특히 재배, 생산뿐만 아니라 제품화시켜야 하므로 규격이 중요하다. 일반적인 특성의 예를 들면 다음과 같다.

1) 입지조건의 영향

자원식물은 생산성과 우량품질이 문제가 되며 토양, 기후의 특이성이 문제가 된다. 예를 들면 추파용 맥주보리를 강원도 고지대에 심으면 월동이 거의 불가능하며 동사하게 되므로 전남, 경남, 제주도가 주산지로 되어 있으며 강원도에서 현재의 품종을 봄보리로 심으면 과피가 두꺼워서 원료의 등급이 떨어져 공업용으로 사용할 수가 없다.

전국적으로 심을 수 있는 작물도 있으나 토양과 기후조건에 제한 조건을 받는다.

피마자, 해바라기 등은 전국적으로 재식이 가능하다.

자원식물은 기후, 토양 등이 맞는 곳에 집약적으로 재배하여 주산지를 이루는 것이 중요하다. 특히 약용자원식물은 예로부터 개성, 부여, 금산의 인삼, 청양의 구기자, 울릉도의 천궁, 보은의 대추, 보성의 녹차 등과 같이 지역특이성을 보이는 경향이 있으므로 지역특산으로 주재배지를 형성하는 것이 좋다.

2) 재배기술의 투입

자원식물은 그 종류가 다양하고 아직 그 재배기술이 확립되지 않은 식물이 많으므로 기술의 확립은 대단히 중요하다. 대다수의 약용자원식물들의 경우도 채취단계에서 재배단계로 넘어간 후 농촌진흥청에서 많은 연구를 하여 주요 약용식물에서는 파종기, 재식밀도, 시비량 등의 재배기술이 확립되었다.

3) 가공시설의 필요

대다수 자원식물의 생산물은 대개 가공을 거쳐서 이용되기 때문에 가공시설이 반드시 필요하다. 생산자가 생산물을 공장에 수납하면 공장에서는 이를 가공하여 여러 물품을 만들거나 생산자가 일부 가공하는 예가 있다. 호프(hop)의 경우는 건조기술이 대단히 필요하므로 맥주회사에서 위탁농가로부터 수매하여 건조장에서 일괄 처리 한다.

최근에는 지역단위농협 등에서 가공공장을 만들어 자체의 고유한 이름 있는 제품을 생산, 포장하여 전국에 판매할 뿐만 아니라 외국에 수출까지 하고 있는 실정이다. 보문농협의 도라지 넥타, 청양농협의 구기자 넥타, 하동농협의 매실 넥타 등의 예가 있다.

4) 노력의 분배(分配)

자원식물은 수확물을 간단히 처리해 두었다가 농한기에 가공할 수 있다. 민속채소의 경우 시설 내에서 재배 시에는 겨울 동안에도 수확, 출하가 가능하며 농사가 시작되기 전, 봄에 채취하여 출하하거나 또는 말려 두었다가 후에 포장할 수 있다. 특히 고사리는 채취한 후 바로 소금에 절여두었다가 농한기에 포장할 수 있는 유리한 점이 있다.

5) 규격(規格)의 문제와 병해충 피해

자원식물은 등급과 함께 규격이 있다. 맥주보리는 1, 2호맥이 2.5mm 이상이어야 하며 1등, 2등, 등외품에 따라 가격의 차이가 심하다. 등급은 생육의 장해, 병, 해충의 피해에 따라 크게 좌우되기 때문에 재배 시에 이들에 대하여 각별한 신경을 써야만 좋은 등급을 받을 수 있다. 특히 점점 규격화하여 포장, 판매하는 시점에서 좋은 규격품을 생산하는 일은 농가 소득에 매우 중요한 일이며 유통에도 중요하다.

6) 토지의 활용증대

자원식물 중에는 윤작을 할 수 있는 작물이 많은데 지상부의 생육, 지하부의 생육, 병충해의 상호 관계를 고려한다면 토지의 공간이나 토양의 단면을 고루 활용할 수 있다.

호프의 경우는 간작(間作)으로 콩이나 더덕을 심을 수 있는데 더덕은 호프 줄기가 반그늘을 만들어 주며, 콩은 재배하여 수확하는 이점도 있지만 호프 사이의 잡초방제를 위해서도 좋다.

4. 자원식물의 전망

자원식물에 포함되는 식물은 하등식물에서 고등식물에 이르기까지 그 범위가 대단히 넓고 종류도 많다. 작물화된 사탕무, 커피 등은 세계적으로 대단위 농장에서 기업화 되어 있고 야생식물이나 귀화식물의 개발은 끝없이 많은 종류를 대상으로 연구되고 있다.

우리나라는 식량자원식물 위주의 농업이 발달하여 기타 자원들의 이용도가 적었으나 앞으로 자생식물, 귀화식물의 개발 연구를 통하여 공장의 원료로 발전시키면 부가가치를 높여 비싼 가격으로 판매할 수 있고 수입대체 효과를 볼 수도 있으므로 우리의 경제사정을 감안할 때, 원료의 국산화가 가장 바람직하며 또한 매우 중요한 일이다. 강원도나 경북지역 산중의 자생식물 개발, 특히 산간의 입체화 농법으로 약용식물 또는 민속채소 등을 재배하여 국내 소비는 물론 수출 판로를 여는 것은 참으로 바람직하다. 뿐만 아니라 많은 자원식물들이 우리나라에 자생하는 것들로 이들을 개발, 이용하는 것은 신토불이(身土不二)와도 깊은 관계가 있다고 본다. 자원식물의 개발은 산 • 학 • 연 모두가 적극 참여하여 많은 기초 연구 토대 위에 기술을 확립하면 농가의 부업과 함께 소득 증대에 직결할 수 있을 것으로 생각된다.

특히 관상자원식물의 경우 세계적으로 희귀한 우리나라 특산식물들도 있고 이들의 대량번식뿐만 아니라 육종을 통한 신품종 개발 등이 매우 필요하다.

최근의 어려운 농업 • 농촌 실정에서도 각 지역에 많은 자원식물의 재배, 가공을 하는 작목반들이 활발히 활동하고 있는 현상은 매우 고무적이다.

많은 사람들이 농업의 전망이 어둡다고 하나 환경산업, 생명산업으로서의 농업은 앞으로 더더욱 위력을 발휘할 것이며 자원식물의 개발 및 이용을 통한 농민 개개인 또는 작목반의 활동은 더욱 두드러질 것으로 전망된다. 소비자들의 환경에 대한 의식, 먹거리에 대한 의식 또한 바뀔 것으로 전망된다.

제2장
원예자원식물의 분류

1. 원예의 정의

원예(Horticulture)는 식물성 부식인 채소, 식사한 다음 후식으로 먹는 과일, 관상용 식물인 화훼를 생산하여 가공하고 유통시키는 농업의 한 분야를 나타내는 용어이다. 따라서 원예라는 단어 속에는 채소, 과수, 화훼를 총칭하여 의미가 내포되어 있다.

2. 원예의 중요성

원예는 인간에게 필수적인 영양소를 제공하는 것에 여러 가지 보건적 효능을 가지고 있다. 원예는 또한 식품으로서의 가치 외에 생활공간을 쾌적하게 만들어 정신적인 위안과 건강을 준다. 우리나라 농업에서 원예 생산액의 비중은 매년 증가하고 있으며 앞으로는 경제 발전 수준에 맞추어 증가할 것이다.

1) 영양적 측면

원예의 성분은 크게 무기성분과 유기성분으로 구분할 수 있는데 무기성분은 65~95%를 차지하는 수분과 무기질로 구성되며 유기성분으로는 탄수화물, 단백질, 지질 등이 있다. 또 원예에는 이러한 기본적인 영양소 뿐 만 아니라 비타민과 색소, 그 외 특수한 성분이 많이 함유되어 있다.

(1) 비타민의 급원

인체는 비타민을 체내에서 합성할 수 없으므로 체외로부터 공급받아야 한다. 채소와 과실은 비타민 A의 전구물질(Provitamin A, 베타카로틴), 비타민 B군, 비타민 C, 특수 비타민 P, U 등을 함유하고 있으며, 특히 비타민 A와 C의 중요한 공급원이다. 비타민 A 함량은 재배 조건에 따라서 달라지는데 질소질 비료가 충분할 때 엽색이 짙어지면서 비타민의 농도가 높아진다.

(2) 무기질의 급원

인체에 필요한 무기질은 약 20종인데 이들 중 Na, Cl, K, Ca, Mg, P 등은 이온 형태로 체액 중에 분포하여 삼투압을 조절하고 산, 염기성을 유지해 준다. Ca, P, Mg 등은 뼈와 치아의 성분이 되며, S

와 P는 단백질, Fe은 헤모글로빈, Co는 비타민 B_{12}등의 성분이다. 또 Mn, Zn, Mg, Cu, Ca 등은 효소 반응의 활성제 역할을 한다. 필수 무기질은 여러 가지 대사 작용을 원활하게 하므로 건전한 신체의 발육과 건강을 유지하기 위해서는 다양하고 균형 잡힌 무기질의 흡수가 필요하다. 채소와 과실에는 30종 이상의 무기질이 들어 있는데 칼슘, 칼륨, 마그네슘, 나트륨 등 다량의 무기질이 함유되어 있어 무기질의 중요한 급원이 되고 있다.

특히 시금치, 무잎, 양배추, 레몬 등에는 칼슘이, 시금치, 복숭아 등에는 철분이 많다.

(3) 알칼리성 식품

식품 중에 함유된 C, N, P, S, Cl 등은 체내에서 탄산, 질산, 인산, 황산, 염산 등을 만들기 때문에 이들 원소를 많이 함유하는 식품은 산성 식품이라고 한다. 일반적으로 곡류, 어류, 육류 등이 여기에 속한다. 반면 대부분의 원예식물은 체액의 산성화를 방지하는 염기성 회분을 만드는 무기성분인 Na, K, Mg, Ca, Fe 등을 많이 함유하고 있어 알칼리성 식품으로 불린다.

(4) 보건적 효능

채소와 과실에는 셀룰로오스, 헤미셀룰로오스, 펙틴질 등 부드러운 식이섬유가 1% 정도 들어 있다. 심이섬유는 주로 세포벽의 구성성분으로 섭취하면 소화, 흡수되는 것은 아니지만 조물질(Roughage)로서 만복감을 주는 등의 역할을 한다. 또한 장의 활동을 촉진하고, 불필요한 물질을 흡수하거나 배설시키며, 장내 세균의 활동을 돕고 장내의 내용물을 적당히 부풀려 주는 기능을 가진다.

(5) 기호적 기능

원예작물은 다양한 맛, 향기, 색깔을 갖고 있다. 독특한 향기가 있어 식욕을 돋우는 구실을 하기도 하고 여러 가지 색깔은 식탁을 아름답게 장식할 수 있어 시각적인 맛을 창출하는 데도 중요한 구실을 하고 있다. 특히 채소에는 여러 가지 색소가 들어 있어 천연 색소를 추출하는 데 이용되는 경우도 많이 있으며, 기호 식품으로 이용가치를 높이는 데 이들 색소가 큰 역할을 한다. 엽록소 외에도 카르티노이드계와 안토시아닌계 색소가 대표적인데 황색색소로 당근, 호박, 토마토 등의 카로틴(Carotene), 옥수수의 지아크산틴(Zeaxanthin), 크립토크산틴(Cryptoxanthine), 그리고 적색으로 토마토, 수박의 라이코펜(Lycopene), 고추의 캡산틴(Capsanthin) 등이 있다.

(6) 약리적 효능

"채소는 약이다"라는 말이 있다. 채소에는 다양한 2차대사산물의 유기물질이 함유되어 있는데 그 가운데에는 인체의 약리적효능이 밝혀진 물질들이 많이 있다. 예로부터 한방재료로서도 많이 이용되고 왔으며 지금도 질병의 치유와 예방에 다양한 효과가 있는 것으로 알려져 있다. 캡사이신(고추), 알린(마늘), 엘라직산(딸기) 등은 항암 작용, 시트룰린(수박), 이눌린(우엉, 엔디브), 베타인(비트) 등은 이뇨작용, 라이코펜(토마토)은 항산화작용이 있는 것으로 알려져 있다.

2) 경제적 측면

쌀을 주식으로 해 왔던 우리나라에서는 과거 원예식물을 부식이나 간식 정도로 생각해 왔으나 오늘날에는 오히려 채소, 과일 등의 원예식물을 중심으로 하는 식생활로 변하고 있다. 우리나라의 농업은 농촌 인구는 감소하고 고령화되며 임금은 급상승하고 있다. 한편 도시 소비자들은 생활수준의 향상으로 식생활이 고급화, 다양화, 서구화 되어가고 안전한 농산물에 대한 수요가 증가하고 있다. 또 무역자유화와 시장개방은 농산물의 국제경쟁력 강화를 요구하고 있다. 이와 같은 농업 여건의 변화에 따라 앞으로 농업은 기술 및 토지 집약화, 생력화와 기계화, 기능성과 안전성의 강화에 의한 고부가가치의 창출 등에 더욱 노력이 필요하다. 아울러 환경을 생각하는 지속 농업과 유기농업 그리고 수출농업을 통한 국제경쟁력 재고를 강조하지 않을 수 없다. 이러한 환경 변화에 부응하여 이후 한국 농업을 주도할 수 있는 분야가 바로 원예이다.

2009년을 기준으로 연간 원예식물 생산액이 전체 농업 생산액 중 차지하는 비중은 29%나 되고, 이 중 64.9%를 채소 원예가 차지하고 있다. 그리고 이러한 비중은 앞으로 더욱 커질 것으로 전망되고 있다. 이처럼 한국 농업에서 원예가 담당해야 할 영역은 점차 넓어질 것이다.

3) 정서적 측면

현재의 농업은 단순한 생산 활동만을 의미하지 않는다. 농업은 먹을거리 생산 외에도 여러 가지 기능을 하는데 이를 농업의 다원적 기능이라고 부른다. 이러한 측면에서 볼 때 텃밭 가꾸기, 화훼 감상 등의 원예 활동은 마음에 평안함을 주어 정신 건강을 유지 또는 증진시킨다. 이러한 기능을 이용하는 것이 '원예치료'인데 이것은 질병, 특히 정신질환 치료에 있어서 효능이 큰 것으로 밝혀져 최근 각광을 받고 있는 분야가 되고 있다. 또 원예 활동은 건전한 취미 활동과 여가 선용에도 큰 의미가 있어 선진국에서는 원예 활동이 야외 레저 활동 중 1위를 차지한다.

3. 원예의 분류

일반적으로 원예식물은 크게 채소, 과수, 화훼로 나눌 수 있으며 이렇게 다양한 식물을 여러 가지 기준에 따라 그 특징별로 체계적으로 구분하여 묶어 줌으로써 우리가 연구나 이용하는 데 편리할 뿐만 아니라 유익한 정보를 얻을 수 있는데 이러한 작업을 '분류'라고 한다.

원예식물의 분류는 첫째, 온도, 광, 수분, 토양 등 환경적응성과 같은 재배적 측면에서의 기준이 되는 생태적 분류와 둘째, 실용적인 이용성과 편의성의 기준이 되는 원예적 분류 셋째, 식물학적 특성이나 작물의 유연관계가 기준이 되는 식물학 분류 또는 자연적 분류가 있다.

1) 생태적 분류(生態的 分類, Ecological classification)

온도적응성, 광적응성, 수분적응성, 토양반응, 내염성, 원산지, 낙엽성, 춘화현상, 수분특성 등 원예식물의 재배 시 영향을 미치는 환경적 요인이 기준이 되는 분류 방법으로 예를 들면 온도 적응성에 따라 호냉성 채소와 호온성 채소, 온대과수와 열대관수 등으로 나눌 수 있고, 광 적응성에 따라 단일성, 중성, 장일성 식물로도 나눌 수 있다. 토양반응에 따라서는 산성, 중성, 알칼리성 식물로 나눌 수 있으며, 춘화현상에 있어 저온감응시기에 따라 종자춘화형, 녹식물춘화형으로도 나눈다. 꽃의 수분특성에 따라서는 자가수분 작물과 타가수분 작물로도 나눌 수 있다.

2) 원예적 분류(園藝的 分類, Horticultural classification)

식물의 재배 또는 형태, 이용상의 측면 등이 기준이 되는 분류방법으로 먼저, 채소의 경우에 식용부위에 따라 잎줄기채소, 뿌리채소, 열매채소로 나눌 수 있고 일반적으로는 재배방법이나 형태, 이용상의 방법 등 여러 기준이 복합적으로 합쳐져 분류하고 있는데 엽채류, 근채류, 과채류, 조미채류, 양채류가 그것이다.

▶ ▷채소의 식용부위에 따른 분류

구분	채소의 종류
잎줄기채소	잎채소 : 배추, 양배추, 상추, 시금치 등과 같이 잎을 이용하는 채소 순채소 : 아스파라거스, 죽순, 두릅 등과 같이 어린순을 이용하는 채소 비늘줄기채소 : 마늘, 양파 등과 같이 잎이 변태한 것을 이용하는 채소 기타 잎줄기채소 : 버섯류
뿌리 채소	직근류 : 무, 당근, 우엉 등 괴근류 : 고구마, 마 등 괴경류 : 감자, 토란 등 근경류 : 생강, 연근, 고추냉이 등
열매 채소	콩과 채소 : 강낭콩, 작두콩, 완두콩 등 박과 채소 : 수박, 참외, 멜론, 오이, 호박 등 가지과 채소 : 가지, 토마토, 고추 등 기타과 채소 : 딸기, 옥수수 등
꽃채소	꽃채소 : 콜리플라워, 브로콜리 등과 같이 화기를 이용하는 채소

과수의 경우는 재배 지역에 따라 그 종류와 수에 있어 큰 차이를 보이므로 각 나라별로 원예적 분류에 있어서는 조금씩 다르게 구분하고 있다. 우리나라는 주요 과수가 대개 온대 낙엽성 과수이며 아열대 및 열대 과수의 일부가 제주도를 포함한 남부의 일부 지역에서 재배되고 있는데 인과류, 준인과류, 핵과류, 장과류, 각과류, 기타 과수와 같이 크게 6개의 분류군으로 나누고 있다.

▶ ▷과수의 분류

구분	과수의 종류
인과류(仁果類)	사과, 배, 비파 등
준인과류(準仁果類)	감, 밀감, 레몬, 유자, 탱자, 금감 등
핵과류(核果類)	복숭아, 자두, 살구, 매실, 아몬드 등
각과류(殼果類)	밤, 호두, 은행, 개암 등
장과류(漿果類)	포도, 무화과, 나무딸기 등
기타(其他)	석류, 대추, 올리브, 모과 등

화훼는 꽃뿐만 아니라 관상용 녹색식물도 포함하므로 이용방법에 따라 절화용, 화단용, 분식용, 정원용 등으로 나누기도 하고 재배장소에 따라 노지화훼, 온실화훼로 분류하기도 한다. 가장 많이 사용하는 원예적 분류는 실용적 분류법으로 일년초, 숙근초, 구근류, 관엽식물, 선인장과 다육식물류, 난류, 화목류 등의 7가지로 분류하는 방법이다.

▶ ▷화훼의 분류

구분	화훼식물의 예
일년초(一年草) (Annuals)	춘파일년초(Summer) : 해바라기, 코스모스, 채송화, 나팔꽃 등 추파일년초(Winter) : 금잔화, 팬지, 페튜니아, 프리뮬러, 안개꽃
이년초(二年草) (Biennials)	달맞이꽃, 익모초, 접시꽃, 디기탈리스
숙근초(宿根草) (Perennials)	노지 숙근초(Hardy) : 옥잠화, 붓꽃 반노지 숙근초(Semi-hardy) : 국화, 카네이션 온실 숙근초(Tender) : 베고니아, 제라늄, 거베라
구근류(球根類) (Bulbs)	춘식구근(Summer) : 칸나, 다알리아, 글라디올러스 추식구근(Winter) : 수선화, 백합 온실구근(Indoor) : 히아신스, 칼라, 구근베고니아
관엽식물(觀葉植物) (Foliage plants)	초본관엽 : 싱고니움, 스파티필름, 페페로미아 목본관엽 : 고무나무류, 야자류, 필로덴드론, 몬스테라 등
다육식물(多肉植物) (Succulents)	다육식물(Succulents) : 용설란, 알로에, 칼랑코에 선인장(Cacti) : 게발선인장, 공작선인장, 비모란, 금호, 삼각주
난류(蘭類) (Orchids)	지생란(Terrestrial) : 춘란, 건란, 한란 착생란(Epiphytic) : 덴드로비움, 풍란, 카틀레야
화목류(花木類) (Flowering plants)	온실화목(Indoor) : 수국, 포인세티아, 동백 노지관목(Shrub) : 장미, 진달래, 철쭉 노지교목(Tree) : 목련, 벚나무, 꽃사과

3) 식물학적 분류(植物學的 分類, Botanical classification)

식물의 유연관계를 기준으로 하는 분류방법으로 자연적 분류라고 하며 식물학고 같은 학술적인 측면에서 많이 이용한다. 이용되는 분류의 단위로는 위에서부터 계(界, Kingdom), 문(門, Phylum), 강(鋼, Class), 목(目, Order), 과(科, Family), 속(屬, Genus), 종(種, Species)이 있다. 동일한 분류 단위에 속하고 또한 하위의 분류 단위로 갈수록 같은 단위 내에 포함되는 작물끼리는 유사성이 더욱 가깝다는 것을 의미하며 분류단위 내의 식물 간 모든 식물학적 특성 등을 이해하는 데에 매우 유익하다. 그 외에도 식물 세포 내 유전자 분석을 통한 세포 분류, 식물체의 조성 물질의 종류나 구성 분석을 통한 화학 분류 등이 있다.

4. 원예자원식물의 분류

1) 민속채소

예로부터 우리 조상들은 산과 들에 자생하는 많은 식물들을 먹거리로 훌륭하게 이용하여 왔으며 이를 '산채'라 하였다. 이들 덕분에 부족한 먹거리로 살아남을 수 있었을지도 모른다. 최근에 들어서는 이들의 맛뿐만 아니라 성분 및 효능 및 기능이 알려지면서 건강식품으로 더욱 각광받게 되었다. 또한 발암억제 효과가 있다고 하며 일반 채소와 비교해도 영양 면에서 뒤떨어지지 않을 뿐 아니라 무기질이나 비타민, 미네랄도 더 많은 것으로 밝혀지고 있다. 그리하여 최근에는 명칭조차 산채, 산나물로 부르지 안하고 민속채소(Folk vegetables)라고 부르게 되었다. 앞으로 재배방법 및 가공방법에 대한 연구가 더 활발해져야 할 중요한 자원식물이다.

최근에 농협에서도 '민속채소농업 육성협의회'를 열어 민속채소를 농가소득작목으로 적극 지원키로 했다. 각 지역별로 여러 민속채소작목의 영농조합 또는 작목반이 결성되어 생산 및 판매를 하고 있다.

2) 자생과수

자생식물은 넓은 의미로는 어떤 지역에서 보호를 받지 않고 자연 상태 그대로 생화하는 식물을 말한다. 따라서 외래식물이라 하더라도 오래전부터 그곳에 귀화되어 살고 있는 귀화식물은 토착식물과 함께 자생식물로 포함할 수 있다. 그러나 좁은 의미로는 어떤 지역에서 원래부터 살고 있던 토착식물만을 의미한다. 특정 국가 또는 지역에서만 존재하는 특산식물이라 하며 이들은 좁은 의미의 자생식물에 포함한다. 한편 인간이 돌보지 않는 상태의 들이나 산에 자라는 식물을 야생식물이라고 부르기도 한다. 이는 재배식물의 상대적인 용어라고 볼 수 있다.

과수는 원예의 한 부분으로 생식이나 가공하여 먹을 수 있는 과실 또는 종자를 생산하는 다년생 목본성 나무를 말한다. 과수에 맺히는 식용하는 부위인 열매는 과실이라고 하며 식물학에서는 이를 'Fruit'라고 하는데 일반적으로 사과, 배 등과 같은 이과(梨果, Pome)라고도 부른다. 과수를 주로 재배하는 원예 활동인 과수원예라 부른다. 하지만 자생과수는 재배하지 않은 과수를 말한다.

3) 야생화

사회가 발전하고 생활수준이 높아 갈수록 사람들은 관상가치가 있는 식물자원에 개발에 더욱 관심을 가지게 된다. 뿐만 아니라 예전부터 고향에서 또는 산야에 보아왔던 자생하는 식물들에 대해 더욱 애착을 가지게 된다.

우리나라는 뚜렷한 사계절의 변화로 지역 환경 여건에 따라 다양한 생태적 특성을 가진 자생식물이 매우 많다. 이 중에는 관상자원으로 개발 가능한 것이 많이 있음에도 불구하고 개발하여 활용하지 못하고 외국 꽃을 도입하여 재배하고 있는 실정이다. 뿐만 아니라 이러한 우리의 자원은 환경오염에 따른 생태적 변화와 무분별한 채취로 일부 식물이 멸종 위기에 놓여 있다. 다행히 요즘 소득 향상과 의식의 발달로 외국의 꽃을 찾기보다 우리의 것을 찾는 운동이 여러 시민단체 등에 의하여 활발히 전개되고, 자생관상자원에 관련된 도서들의 출간과 매스컴의 영향으로 많은 관심과 함께 재배와 판매가 증가되고 있다. 그러나 아직도 재배 기술의 확립이 이루어지지 않아 이에 대한 개발이 시급하다고 하겠다. 이러한 야생화의 생태적 특성, 번식방법, 분화재배 시 배지 선정 등이 빨리 이루어져야 하겠다.

야생화의 대중화는 농민의 새로운 소득원으로도 유망하여 도시민에게는 고향의 향수를 느끼게 하고 어린이들에게는 자연학습 자료로도 역할을 할 것이다.

제3장
민속채소 자원식물

1. 갯기름나물

1) 이름과 식물학적 특성

학 명	*Peucedanum japonicum*
별 명	동운, 희초, 간근, 병풍, 백비
생약명	식방풍(植防風)
과 명	산형과
영 명	Divaricate ledebouriella
일본명	ボタンボウフウ(botan-bofu)
분 포	바닷가, 들판의 모래밭
이용부위	어린잎, 뿌리
식물학적 특성	여러해살이풀로 30~70cm 높이로 자라며 뿌리는 둥글고 길며 6~8월에 흰 꽃이 피고 9~10월에 열매를 맺는다. 식물 전체에 향이 있다.

2) 재배적 특성

(1) 번식방법

씨로 번식하며 파종 시기는 10월부터 11월초까지이며 3월 중순에 파종할 수 있으나 봄보다는 가을에 파종하는 것이 발아율도 높고 수확량도 많다.

(2) 재배관리

파종량은 직파재배 시 300평에 4~5ℓ 정도이고 10~15cm로 줄뿌림하며 제초 등의 관리를 한다. 육묘 이식재배를 할 경우 발아 후 30일이 되면 45cm 간격의 골에 15cm 간격으로 정식한다.

(3) 수확

뿌리의 경우 수확은 10월부터 11월까지 잎줄기를 모두 제거하고 물에 씻어 말린다. 잎을 수확할 경우 씨를 뿌린 후 어린잎이 나오면 수확할 수 있으나 많은 양의 잎을 얻으려면 다음해 봄에 수확한다.

3) 성분 및 효능

뿌리에 정유와 쿠마린(Coumarin) 성분이 들어 있고 잎에는 쿠마린(Coumarin)과 타닌(Tannin)질이 있으며 루틴(Rutin), 헤스페리딘(Hesperidin) 등의 플라보노이드(Flavonoid)도 있다.

동의치료에서는 이름에서 알 수 있듯, 중풍과 통풍을 막는 데 쓰며 그 외에도 발한해열제, 두통, 신경통의 진통제로 사용되었다. 민간에서는 두통을 없애고 머리를 맑게 해주며 피로 회복, 거담, 진해작용을 하여 많이 사용해 왔다. 따라서 방풍은 수험생 등에게 매우 요긴하게 사용된다. 감기에는 뿌리를 달여 하루 세 번 먹으면 좋다.

2. 고들빼기

1) 이름과 식물학적 특성

학 명	*Crepidiastrum sonchifolium*
별 명	쓴나물, 애기벋줄
생약명	황화채(黃花菜)
과 명	국화과
일본명	チョウソヤクシソウ (chosen-yakushisho)
유사종	이고들빼기, 까치고들빼기, 지리고들빼기
분 포	중부 이남의 산야, 중국, 일본
이용부위	식물체 전체(잎, 줄기, 뿌리)
식물학적 특성	두해살이풀로 약 60~80cm 높이로 자라며 9월에 노란색 꽃이 피고 10월에 씨를 맺으며 어린 묘의 상태로 월동한다.

2) 재배적 특성

(1) 번식방법

씨로 번식하며 가을에 씨가 익어 날아가기 전에 거두어 들여 즉시 뿌리거나 이듬해 4월에 뿌린다.

(2) 재배관리

중부이남 지역에서는 온도와 일조에는 크게 영향을 받지 않으며 가을에 씨를 수확한 후 뿌리거나 봄에 일찍 뿌린다.

김장철에 출하하기 위해서는 7월 하순에 파종하는 것이 좋으며 최근에는 연중 소비되므로 수확 시기에 맞추어 계속해서 씨를 뿌려도 된다.

(3) 수확

수확은 파종에 따라서 언제나 해도 가능하나 꽃대가 나오기 전에 해야 하며 꽃대가 나오며 뿌리에 심이 생겨 먹기 곤란하게 된다.

3) 성분 및 효능

예로부터 생약으로는 거의 쓰이지 않았고 주로 식용으로만 이용하였다. 그러나 쓴맛은 건위소화제의 역할을 하기도 한다.

왕고들빼기(*Lactuca indica L.*)는 고채(苦菜)라 하여 어린잎을 나물로 먹을 뿐만 아니라 동의치료에서 전초(全草)를 건위소화제, 약한 설사약, 열내림약으로도 쓰고 즙은 진정작용, 마취작용이 있으나 이는 우리나라 이름이 왕고들빼기일 뿐 고들빼기와는 멀고 상추(*Lactuca sativa* L.)에 훨씬 가까운 식물이다.

성분표(100g당)

	에너지 (kcal)		수분 (%)	단백질 (g)	지질 (g)	회분 (g)	탄수화물		
							당질 (g)	섬유 (g)	
고들빼기	40		85.8	3.5	0.6	1.1	9.0	1.5	
	칼슘 (mg)	인 (mg)	철 (mg)	나트륨 (mg)	칼륨 (mg)	나이아신 (mg)	폐기율 (%)		
	101	69	6.6	10	250	0.7	35		
비타민	A Retinol Equivalent			레티놀 (mg)	베타카로틴 (mg)		B_1 (mg)	B_2 (mg)	C (mg)
	112			0	670		0.09	0.12	19

3. 고려엉겅퀴

1) 이름과 식물학적 특성

학 명	*Cirsium setidens*
별 명	도깨비엉겅퀴, 곤드레
생약명	대계(大薊－약용하지 않는다)
과 명	국화과
영 명	Korean thistle
일본명	チョウセンヤナギアザミ (chousen－yanagi－azami)
분 포	전국 분포(특산식물)
이용부위	전초

식물학적 특성 여러해살이풀로 1m로 자라며 뿌리는 곧으며 가지가 사방으로 펴져자란다. 뿌리에서 돋는 잎과 아랫부분의 잎은 꽃이 필때 쓰러진다. 7－10월에 자주색 꽃이 피고 11월에 수과로 열매맺는다. 잎 뒷면이 모시풀같은 백색인 것을 흰잎고려엉겅퀴(var, *niveo－araneum*)라고 한다.

2) 재배적 특성

(1) 번식방법

고려엉겅퀴의 번식은 주로 종자로 하며 종자는 9월 중하순경 완숙 종자를 채취하여 그늘에서 말린 다음 저장하였다가 원하는 파종시기에 맞추어 파종 전 60~80일 정도 4℃의 저온 항온기내 습기보존하에 저온처리를 함에 따라 휴면타파 되어 발아를 하게 된다. 또는 채종즉시 노지 파종하여도 종자 발아율이 높기 때문에 농가에서는 오히려 손쉬운 방법이라 하겠다. 파종은 파종상자나 묘상에 줄뿌림하거나 흩어 뿌리는 것이 일반적이지만 최근 보급되고 있는 플러그판(대개 200공 사용)에 파종할 경우 어린 모종을 옮겨 심은 후 활착을 촉진시킬 수 있어 바람직하다. 고려엉겅퀴는 한번 식재 후에는 다시 모종을 육묘할 필요가 없다. 왜냐하면 자연적으로 떨어진 종자가 이듬해에 발아하여 올라오기 때문에 솎음질만 하여주면 된다.

(2) 재배관리

생육에 알맞은 온도는 18~25℃로 비교적 서늘하고 공중습도가 높은 곳이 좋으며 건조가 계속되는 곳은 적합하지 않다. 토층이 두꺼워 배수가 양호하면서 보수력도 좋은 비옥지가 이상적이다. 토질은 약산성(pH 5.5~6.5)으로 충적 사질양토가 좋으나 비교적 어느 토질에서나 잘 자란다. 산성에 대하여 상당히 강하며 습지에도 잘 견디므로 배수구를 만든다면 답전환작으로도 가능하다. 수량제고 및 상품성을 높이기 위해서는 비가림 시설을 이용하여 재배하는 것이 좋다.

(3) 수확

보통재배의 경우에는 6월 상순경에 어린순이 20~30cm 정도 신장할 때 줄기마다 1~2마디 남기고 어린순 전체를 수확한다. 수확은 보통 2회 정도하며 10a당 3,000~4,000kg의 생체를 수확한다. 수확한 생체는 즉시 데쳐서 말리는 건나물로 하든지, 냉동저장을 하며 건나물의 경우는 100g 단위로 포장하여 출하한다. 종자는 9월 하순에서 10월 상순경에 완전히 성숙한 삭과를 수확하여 그늘에서 서서히 말린 후 종자를 선별하여 정선 후 보관하거나 채종 즉시 본포에 직파한다.

3) 성분 및 효능

약성이 서늘하여 열로 인한 각혈, 코피, 자궁 출혈, 소변 출혈 등을 치료한다. 또한 내외과의 염증성 질환(충수염, 폐농양, 화상)으로 인한 종기 등에 내복하거나 짓찧어 붙인다. 급성간염으로 인한 황달에도 쓰이고, 고혈압에는 뿌리를 사용한다. 민간에서 뿌리를 신경통에 활용한다. 엉겅퀴, 섬엉겅퀴, 바늘엉겅퀴, 큰엉겅퀴의 지상부와 뿌리를 쓴다. 고려엉겅퀴는 약용하지 않는다.

성분표(100g당)

	에너지 (kcal)	수분 (%)	단백질 (g)	지질 (g)	회분 (g)	탄수화물 당질 (g)	탄수화물 섬유 (g)
고려엉겅퀴 (곤드레) (마른 것)							
–야생	229	10.6	20.5	3.9	11.1	53.9	13.0
–재배	275	5.0	5.6	2.8	10.2	76.4	9.9

	칼슘 (mg)	인 (mg)	철 (mg)	나트륨 (mg)	칼륨 (mg)	나이아신 (mg)	폐기율 (%)
–야생	88	111	2.7			0.7	0
–재배	51	116	2.0			0.8	0

비타민	A Retinol Equivalent	레티놀 (mg)	베타카로틴 (mg)	B_1 (mg)	B_2 (mg)	C (mg)
–야생	44	(0)	(226)	0.03	0.07	1
–재배	44	0	262	0.04	0.09	2

4. 고사리

1) 이름과 식물학적 특성

학 명	*Pteridium aquilinum* var. *latiusculum*
별 명	고사리나물, 고사리밥, 권두채, 길상채, 여의채, 궐인채, 용두채, 궐채근
생약명	궐채(蕨菜)
과 명	고사리과
영 명	Braken
일본명	ワラビ(warabi)
분 포	전국의 산야, 중국, 일본
이용부위	어린순, 땅속줄기
식물학적 특성	여러해살이풀로 땅속줄기가 굵게 옆으로 뻗으면서 군데군데 삼각형의 잎이 나온다. 높이가 30~100cm까지 자라며 잎의 아랫면에 털이 약간 있고 포자낭이 달려 안에 포자가 형성된다.

2) 재배적 특성

(1) 번식방법

뿌리줄기로 포기나누기(분주)하거나 뿌리꺾꽂이(근삽)를 하며 번식의 적기는 10~11월과 봄에 싹트기 전이다.

(2) 재배관리

반 그늘진 습지가 재배에 이상적이며 재배 시 볏짚 등을 이용하여 건조를 방지해 주는 것이 가장 중요하다. 온도가 10℃ 이상만 되면 새순이 나오므로 2월에 비닐을 씌워 1개월 이상 일찍 수확하는 반촉성재배와 비닐하우스에 가온하여 1월부터 수확하는 촉성재배법이 있다.

시설재배를 할 경우는 왕겨나 톱밥을 3~5cm 덮어서 연화재배를 하는 것이 유리하다.

(3) 수확

일반재배 시에 심은 다음해부터 여러 번 수확할 수 있으나 영양을 축적할 수 있는 잎을 남기고 수확해야 계속해서 여러 해 동안 수확 할 수 있다.

수확적기는 말린 순이 펴지기 전이며 줄기가 연한 것을 수확한다. 대개는 4월이 수확적기이다.

3) 성분 및 효능

뿌리줄기에 있는 성분을 보면 포나스테론 A(Ponasterone A), 엑디스테론(Ecdysterone), 쿠스트에크디손(Qustecdyson) , 에크디손(Ecdyson) 등이 있다.

동의치료에서는 잎을 강장약, 이뇨제로 쓴다. 민간요법으로는 습진, 임질, 각기, 뼈마디 아픔에도 사용한다. 어린잎의 털은 피가 나는 부위에 붙여 지혈제로 쓰기도 한다. 뿌리 줄기를 중국에서는 자기 또는 자기관중이라 하여 코피, 외상성출혈과 수두에 사용하며 우린 물을 마시면 감기를 예방한다고 한다.

잎에는 타닌(Tannin) 성분이 있으며 플라노보이드(Flanovoid)도 분리되었다. 어린싹은 유리아미노산이 1.4%이며 로이시, 아스파라긴산(Asparagic acid), 글루타민산(Glutamic acid), 티로신(Tyrosine), 페닐알라닌(Phenylalanine)의 함량이 높다. 민간에서는 뿌리를 달여 구충약으로 사용하며 뿌리줄기를 전초를 달여 설사 및 이뇨제로 사용이 가능하다. 또한 관절통과 두통을 멈추게 하며 황달을 치료하고 감기의 열을 내려 준다고 한다. 뿌리줄기는 외용약으로 습진, 종양 치료에 쓴다. 전초는 상처를 아물게 하며 치질성 출혈, 정신병에도 사용한다.

성분표(100g당)

	에너지 (kcal)	수분 (%)	단백질 (g)	지질 (g)	회분 (g)	탄수화물 당질 (g)	탄수화물 섬유 (g)
고사리							
(생것)	19	91.5	2.5	0.1	0.8	5.1	1.6
(마른 것)	228	12.2	25.8	0.6	7.2	54.2	9.4
(삶은것)	21	91.8	3.2	0.3	0.3	4.4	1.4

	칼슘 (mg)	인 (mg)	철 (mg)	나트륨 (mg)	칼륨 (mg)	나이아신 (mg)	폐기율 (%)
(생것)	8	34	2.5	4	442	0.6	28
(마른 것)	188	246	6.4	15	2879	0	0
(삶은것)	15	40	1.4	5	185	0	0

비타민	A Retinol Equivalent	A 레티놀 (mg)	A 베타카로틴 (mg)	B_1 (mg)	B_2 (mg)	C (mg)
(생것)	41	0	243	0.01	0.14	18
(마른 것)	32	0	194	0.11	0.51	0
(삶은것)	7	0	41	0	0.02	0

5. 냉이

1) 이름과 식물학적 특성

학 명	*Capsella bursa-pastoris*
별 명	나시, 나이, 나싱이, 나생이, 나싱구, 나싱개, 나승개
생약명	제채(薺菜)
과 명	십자화과
영 명	Shepherd's purse
일본명	ナズナ(nazuna)
유사종	다닥냉이, 말냉이, 싸리냉이, 황새냉이, 큰황새냉이, 논냉이, 미나리냉이, 나도냉이, 개갓냉이
꽃 말	당신에게 모두를 맡깁니다.
분 포	전국의 산야, 중국, 일본
이용부위	잎, 줄기, 뿌리의 식물체 전체
식물학적 특성	두해살이풀로 약 30~40cm 높이로 자라며 흰 꽃이 4~5월에 피며 열매는 역삼각형으로 달려서 익고 어린 묘로 월동한다. 비슷한 시기에 노란색으로 꽃을 피우며 냉이와 함께 있는 것은 꽃다지로 열매가 타원형인 것이 냉이와 다른 점이다.

2) 재배적 특성

(1) 번식방법

씨로 번식하며 열매가 익어 터지기 전에 거두어들인다.

(2) 재배관리

햇빛이 충분하고 배수가 잘 되는 곳이 좋으며 직근성이라 이식이 곤란하므로 직파 한다.

(3) 수확

가을에 파종하면 어린 묘로 자라는데 내한성이 강하므로 그대로 월동시켜 이듬해 봄에 수확할 수 있다. 시설재배를 할 경우는 겨울에도 출하할 수 있다.

3) 성분 및 효능

전초에 아세틸콜린(Acetylcholin), 콜린(Cholin : 혈압강하 효과), 티라민(Tyramine), 이노시톨(Inositol), 디오스민(Diosmin), 플라보노이드(Flanovoid), 디오스메린(Diosmerin), 기소핀(Gisopin), 시니그린(Sinigrin) 배당체 등이 있으며 타닌(Tannin) 이외에 유기산이 푸마르산(Fumaric acid), 부르스산(Burs acid), 아스코르빈산(Ascorbic acid)이 있다. 열매 껍질에는 디오스민(Diosmin)이 많고 씨에는 유황이 들어 있는 기름이 28%나 된다.

냉이 전초 달인 것을 위궤양, 치질, 폐결핵에 사용하며 혈압 강하, 지사제, 건위소화제, 간장, 지혈작용, 자궁출혈, 월경과다, 코피억제에 쓴다.

동의치료에서는 지혈제로 쓰며 눈을 밝게 하고 눈병을 치료하는 데 쓴다. 민간에서는 이뇨제와 열을 내리는 데 쓰고 카로틴 성분이 많아 시력을 보호한다. 사용할 때는 말린 냉이를 가루 내어 먹거나 눈이 붓고 침침할 때 냉이 뿌리를 찧어 만든 즙을 안약 대용으로 쓴다.

성분표(100g당)

	에너지		수분	단백질	지질	회분	탄수화물	
							당질	섬유
	(kcal)		(%)	(g)	(g)	(g)	(g)	(g)
냉이	31		87.8	4.7	0.7	1.4	5.4	1.6
	칼슘 (mg)	인 (mg)	철 (mg)	나트륨 (mg)	칼륨 (mg)	나이아신 (mg)	폐기율 (%)	
	145	88	5.2	15	288	1.3	17	

비타민	A			B_1	B_2	C
	Retinol Equivalent	레티놀 (mg)	베타카로틴 (mg)	(mg)	(mg)	(mg)
	189	0	1136	0.18	0.32	74

6. 달래

1) 이름과 식물학적 특성

학 명	*Allium monanthum*
별 명	달롱, 달롱게, 꿩마농(제주)
생약명	소산(小蒜), 야산(野蒜)
과 명	백합과
영 명	Wild garlic
일본명	ヒメビル(hime-biru)
분 포	우리나라 전역, 중국, 일본
이용부위	잎, 뿌리
식물학적 특성	여러해살이풀로 직경 1cm 이하의 작은 알뿌리가 있으며 이는 마늘과 비슷한 냄새와 매운 맛을 가지고 있다. 꽃은 4월에 흰색이거나 분홍색으로 작게 피며 후에 검은색 씨가 생긴다.

2) 재배적 특성

(1) 번식방법

씨와 주아 그리고 모구와 자연분구 된 자구로 번식시킬 수 있다.

씨는 7월에 익으며 곧바로 7월 하순~8월 중순에 파종하는데 발아율이 매우 낮다.

주아로 번식시키는 것은 크기가 작으므로 종구 생산용으로 이용한다.

(2) 재배관리

달래는 생육적온이 20℃ 전후로 다소 서늘한 기후를 좋아하고 25℃ 이상의 고온에는 생육이 정지되므로 온도 관리가 중요하다. 또한 보비성이 강하므로 퇴비를 충분히 주도록 한다.

(3) 수확

노지재배의 경우 10~11월과 3~4월에 수확하며 이때의 파종기는 여름이므로 가뭄이나 집중호우에 주의한다. 1~2월에 수확하는 하우스 재배는 11월부터 비닐을 씌워 낮에는 20℃, 밤에는 10℃ 정도가 온도 관리를 한다.

달래는 뿌리와 잎을 먹으므로 수확할 때 땅을 깊이 파서 뿌리가 상하지 않도록 주의한다.

3) 성분 및 효능

달래 전초에는 비타민 C, 유화 아릴(硫化 Aryl), 알리신(Allicin)이 들어 있으며, 강장강정제, 위염, 불면증, 보혈약, 타박상, 기침, 백일해, 기관지염, 거담제, 동맥경화 예방, 빈혈 방지에 사용하며 고약을 만들어 화상에도 쓴다.

〈불면증〉

수채엽(睡菜葉)이라고 불리는 달래는 옛날부터 불면에 효과가 있다고 알려져 있다. 잎과 뿌리에 모두 약효가 있으므로 그대로 먹어도 좋지만 뿌리로 약주를 만들어 마시면 더욱 효과가 좋다. 달래술은 잠자기 전에 소주잔으로 반 잔 또는 한 잔 정도 마시면 좋다. 깨끗하게 씻은 달래뿌리 300g, 꿀 200g, 소주 1.8ℓ를 주둥이가 넓은 병에 넣고 2~3개월 동안 서늘하고 어두운 곳에 보관한다.

〈신경안정〉

달래에는 비타민과 무기질이 골고루 함유되어 있으며 특히 비타민 C와 칼슘이 풍부한 알칼리성 식품이기에 신경안정제로서 약효를 낸다.

성분표(100g당)

	에너지		수분	단백질	지질	회분	탄수화물		
							당질	섬유	
	(kcal)		(%)	(g)	(g)	(g)	(g)	(g)	
달래	27		89.6	3.3	0.4	1.1	5.6	1.3	
	칼슘	인	철	나트륨	칼륨	나이아신	폐기율		
	(mg)	(mg)	(mg)	(mg)	(mg)	(mg)	(%)		
	124	66	1.8	5	379	1.0	28		
비타민		A					B_1	B_2	C
		Retinol		레티놀	베타카로틴				
		Equivalent		(mg)	(mg)		(mg)	(mg)	(mg)
		304		0	1823		0.09	0.14	33

7. 더덕

1) 이름과 식물학적 특성

학 명	*Codonopsis lanceolata*
별 명	백삼, 사삼, 유부인, 유서, 가덕
생약명	양유(羊乳)
과 명	초롱꽃과
영 명	Lance asiabell, White root
일본명	シルニソヅソ(tsuru-ninchin)
유사종	만삼(참더덕, *C. pilosula*)
꽃 말	성실, 감사
이용부위	뿌리
식물학적 특성	덩굴성의 여러해살이풀로 8~9월경에 종모양의 꽃이 피는데 바깥쪽은 백녹색이고 안쪽은 자색이다. 꽃잎 끝이 다섯 갈래로 갈라져 피며 씨는 10월에 익는다.

2) 재배적 특성

(1) 번식방법

종자로 번식한다. 씨가 익으면 늦가을(10~11월)에 채종하여 바로 뿌리거나 모래에 가매장하였다가 봄(3~4월)에 뿌린다.

(2) 재배관리

산속에 자생하나 햇빛이 잘 드는 곳에서 생장이 더 좋다. 전국 어디서나 재배가 가능한데 서늘하고 일교차가 큰 곳이 좋다.

줄기가 2~3m까지 자라므로 파종 후 40~50일경에 지주를 세워준다.

(3) 수확

더덕의 수확은 가을의 첫서리가 내린 뒤 줄기가 마른 다음부터 이듬해 싹이 나오기까지 사이가 가장 좋다. 보통 직파했을 때 2~3년 후에 수확하고 육묘이식 재배한 것은 1~2년 후에 수확한다.

3) 성분 및 효능

뿌리에 사포닌(Saponin)과 이눌린(Inulin)이 있다. 잎에는 플라보노이드(Flanovoid)가 있다. 동물실험에서 혈액 속의 콜레스테린(Cholesterin)과 지질(Lipid, 脂質)의 함량을 줄이며 혈관확장작용이 있으며 혈압을 낮추어 주기도 한다.

동의치료에서 폐열을 없애고 진해거담 작용이 있다. 열이 있고 입 안이 말랐을 때, 폐에 열이 있고 기침과 가래가 있을 때, 피를 토할 때 쓴다.

성분과 효능이 비슷한 유사종으로 잔대가 있으며 이를 사삼(沙蔘)이라 하는데 옛 문헌에서는, 사삼은 인삼, 현삼, 단삼, 고삼과 함께 오삼(五蔘)의 하나였으며 그 형태가 비슷해서가 아니고 약효가 같기 때문이라 한다. 즉 예로부터 사삼도 보약으로 사용하여 왔다.

더덕은 뿌리에 흰 즙이 많기 때문에 양유(羊乳)라고도 한다.

동양 사삼의 기원식물은 우리나라에서는 더덕뿌리이고 중국에서는 18세기부터 잔대뿌리를 남사삼, 갯방풍 뿌리를 북사삼이라 하고 일본에서는 잔대 뿌리를 사삼이라 한다. 그러나 더덕뿌리를 국내에서 사삼으로 시판하고 있는 것은 오용(誤用)이고 잔대 뿌리를 사삼이라고 하는 것이 타당하다고 생각된다.

〈항암효과〉

○ 폐암 : 더덕 30g, 즙채 30g, 백화사설초(白花蛇舌草) 30g, 만삼(蔓蔘) 12g, 백출(白朮) 12g, 봉방(蜂房) 12g, 복령(茯苓) 15g, 생의이인(生意苡仁) 15g을 달여서 복용한다.

○ 갑상선암 : 더덕 30g, 하고초(夏枯草) 30g, 해조(海藻) 9g, 곤포(昆布) 9g, 아산갑 9g, 목단피(牧丹皮) 6g, 산자고(山慈姑) 6g, 백개자(白芥子) 2.4g을 달여서 복용한다.

성분표(100g당)

	에너지 (kcal)	수분 (%)	단백질 (g)	지질 (g)	회분 (g)	탄수화물 당질 (g)	탄수화물 섬유 (g)
더덕							
(생것)	34	89.5	1.1	0.1	0.7	8.6	0.8
(가루)	265	8.5	17.0	3.0	4.2	67.3	17.1

	칼슘 (mg)	인 (mg)	철 (mg)	나트륨 (mg)	칼륨 (mg)	나이아신 (mg)	폐기율 (%)
	24	102	2.0	7	203	0.5	23

비타민	A Retinol Equivalent	레티놀 (mg)	베타카로틴 (mg)	B_1 (mg)	B_2 (mg)	C (mg)
	0	0	0	0.13	0.20	6
	0	0	0	0.26	0.38	0

8. 도라지

1) 이름과 식물학적 특성

학 명	*Platycodon grandiflorum*
별 명	도랏, 경초, 고길경, 도립기, 사엽채, 대약, 길경채, 화상두, 백약, 명엽채, 영당화, 질경
생약명	길경(桔梗)
과 명	초롱꽃과
영 명	Chinese bellflower
일본명	キキョウ(kikyo)
꽃 말	열심, 영원한 사랑, 포근한 사랑, 상냥하고 따뜻함
이용부위	어린순, 뿌리
식물학적 특성	여러해살이풀로 높이 40~100cm로 자라며 잎에는 톱니가 있고 줄기를 자르면 흰 유액이 나오며 뿌리는 직근성이다. 꽃은 7~8월에 가지 끝에 다섯 갈래로 갈라진 종 모양의 흰색 또는 보라색으로 피며 9월에 열매가 익고 열매에는 검은 씨가 들어 있다.

2) 재배적 특성

(1) 번식방법

씨로 번식하는데 종자의 수명이 짧으므로 채종 후 1년 이내에 씨를 뿌리도록 한다. 뿌리고 남은 종자는 5℃ 정도(냉장고 냉장실)에 보관하면 종자의 수명이 1년 연장된다.

(2) 재배관리

봄 파종은 4월 중에 하는 것이 좋고 가을 파종은 10~11월에 하는데 싹이 트지 않은 상태에서 월동하게 하는 것이 안전하다. 직파재배와 육모이식 재배가 있으나 일반적으로 직파재배를 한다. 씨를 뿌린 후 20일이 지나면 발아하고 잎이 3~4장 나왔을 때 솎아 준다.

(3) 수확

파종한 후 2년째부터 언제든지 수확할 수 있다. 보통은 8~10월에 수확을 많이 한다.

3) 성분 및 효능

뿌리에는 사포닌(Saponin), 이눌린(Inulin), 플라티코딘(Platycodin), 플라티코디닌 (Platycodinin) 등이 있으며 잎과 줄기에도 사포닌이 있는데, 특히 꽃이 필 때 많다고 한다. 전초에 플라보노이드가 있다. 도라지의 사포닌은 용혈작용(Suponin)이 있으며 또한 진정, 아픔을 멎게 하고 열내림 작용(Flavonoid)을 주로 하는 중추억제 작용과 항염증 작용, 혈관 확장 작용이 있다. 동의치료에서 기침, 기관지염에 사용할 뿐만 아니라 곪은 데, 기관지염, 편도염, 인후통에 쓴다.

민간에서는 두통, 위염, 간경병증, 수두, 진통제 등으로 쓰이며 특히 인삼 대용으로 오래 쓰면 보약으로서도 좋다고 한다.

〈편도선염〉

염증을 가라앉히고 가래를 진정시키며 고여 있는 고름을 흘러나오게 하는 약효가 있다. 말린 도라지 뿌리 3g과 감초 2g을 달인 물을 입에 머금고 입 안을 헹구면서 조금씩 마시면 목이 부드러워진다.

성분표(100g당)

	에너지	수분	단백질	지질	회분	탄수화물	
						당질	섬유
	(kcal)	(%)	(g)	(g)	(g)	(g)	(g)
도라지							
(생것)	96	72.2	2.4	0.3	1.0	24.1	1.5
(마른 것)	249	24.2	2.4	0.1	1.5	71.8	8.9
(데친 것)	37	88.3	0.8	0.1	0.2	10.6	1.8
(가루)	301	10.3	9.8	0.7	3.6	75.6	5.8

	칼슘	인	철	나트륨	칼륨	나이아신	폐기율
	(mg)	(mg)	(mg)	(mg)	(mg)	(mg)	(%)
	35	95	4.1	23	453	0.7	28
	232	189	6.2	43	1118	7.8	0
	19	16	0.3	11	40	0.3	0
	132	397	0.9	54	1548	1.1	0

비타민	A			B_1	B_2	C
	Retinol	레티놀	베타카로틴			
	Equivalent	(mg)	(mg)	(mg)	(mg)	(mg)
	0	0	0	0.10	0.14	27
	0	0	0	0.10	0.36	0
	0	0	0	0.03	0.07	6
	0	0	0	0.31	0.45	89

9. 돌나물

1) 이름과 식물학적 특성

학 명 *Sedum sarmentosum*
별 명 돈나물, 석채, 전채
생약명 불갑초(佛甲草)
과 명 돌나물과
영 명 Sedum

일본명 シルマソネソグサ (tsuru-mannengusha)
분 포 우리나라 전국의 산야, 중국, 일본
이용부위 줄기, 잎
식물학적 특성 여러해살이풀로 마디에서 뿌리가 내리면서 옆으로 뻗어간다. 다육질의 잎을 가지고 있으며 5~6월 노란색의 꽃이 피고 7월이면 씨가 익는다.

2) 재배적 특성

(1) 번식방법

포기나누기로 번식을 한다. 마디에서 뿌리가 나와서 번식력이 대단하다.

(2) 재배관리

재배 시 수분을 충분히 유지시켜 주는 것이 가장 중요하며 밀식하면 연하고 긴 것을 수확할 수 있다. 꽃이 필 때 적심을 해 주면 곁가지가 많이 나온다.

(3) 수확

돌나물은 비닐터널만 씌우면 계속해서 새순이 나와 1년 내내 수확할 수 있다.

3) 성분 및 효능

전초에는 세도헵툴로우스(Sedoheptose), 메틸이소펠레티린(N-methyli sopelle trine) 등이 있으며 동의치료에서는 해열, 해독, 타박상, 광견병, 뱀에 물린 데 사용하며 민간에서는 잎을 짓찧은 즙을 곪은 상처에 붙이거나 식욕 증진, 볼거리에 사용하고 항암작용도 있다고 한다.

성분표(100g당)

	에너지 (kcal)		수분 (%)	단백질 (g)	지질 (g)	회분 (g)	탄수화물 당질 (g)	탄수화물 섬유 (g)
돌나물	11		95.4	1.3	0.3	0.8	2.2	0.6
	칼슘 (mg)	인 (mg)	철 (mg)	나트륨 (mg)	칼륨 (mg)	나이아신 (mg)	폐기율 (%)	
	212	26	2.3	14	154	0.3	0	

비타민	A Retinol Equivalent	레티놀 (mg)	베타카로틴 (mg)	B_1 (mg)	B_2 (mg)	C (mg)
	120	0	717	0.05	0.06	26

10. 두릅

1) 이름과 식물학적 특성

학 명	*Aralia elata*
별 명	목두채, 문두채, 요두채, 총목, 참두릅, 참드릅
생약명	수룡아(樹龍芽)
과 명	두릅나무과
영 명	Bud of aralia
일본명	タラノキ(taranoki)
유사종	독활(땅두릅 *Aralia continentalis*)
분 포	우리나라 전역, 중국, 일본, 러시아
이용부위	어린순
식물학적 특성	낙엽관목으로 키가 3~5m까지 자라며 전체에 가시가 많이 있다. 8월에 3mm 정도의 흰색 꽃이 피며 열매는 아주 작고 둥글며 검다.

2) 재배적 특성

(1) 번식방법

씨로도 가능하나 단 기간에 묘를 생산하기 위해서는 뿌리꺾꽂이(근삽)를 하는 것이 유리하다. 근삽은 뿌리를 2~3월에 채취하여 가매장하였다가 3~5월에 실시한다. 그러나 이는 병해 감염 등의 문제점이 있어 최근에는 조직배양에 의한 대량증식이 활발히 연구되어지고 있다.

(2) 재배관리

두릅나무는 내한성은 강하나 건조에 약하므로 재배 시 짚 등을 덮어 건조를 방지해 둔다. 정식하여 4년이면 성목이 되는데 그 사이에 제초와 전정을 해준다.

전정 시기는 4~5월이 좋다.

(3) 수확

자연산 두릅은 4월 초순경부터 채취할 수 있다. 노지에서 재배한 것은 비닐을 씌우면 이보다 1개월 먼저 수확할 수 있고 하우스에서 촉성재배한 것은 겨울에도 수확이 가능하다.

노지재배의 경우 봄에 수확하고 지상에서 30cm 정도에서 전정해주면 새순이 여러 개 나와서 8월경에 다시 수확할 수 있다.

3) 성분 및 효능

생약으로 사용할 때는 거의 뿌리를 사용한다. 봄과 가을에 뿌리의 껍질을 벗겨 말린다. 여기에는 사포닌(Saponin) 배당체인 아릴로이드(Aryl loid)가 들어 있다. 이 밖에 정유 0.05%, 콜린(Choline)이 있다.

씨에는 약 5%의 지방(Fat)이 들어 있으며 뿌리에는 스티그마스테린(Stigmasterin), 타닌질(Tannin)이 있고 우리가 나물로 먹는 어린싹에는 로이진(Roisin), 아스파라긴산(Aspartic acid), 알라닌(Alanine), 티로신(Tyrosine), 히스티딘(Histidine) 등이 있다.

뿌리껍질의 물질은 강심작용을 하고 동의치료에서는 당뇨병에도 사용하고 신경쇠약, 저혈압, 이뇨제, 진통제, 두통, 대장염, 위궤양, 위암에 쓴다.

〈당뇨병〉

두릅껍질 달인 물은 혈당을 내려준다. 봄철에 싹이 나기 전의 뿌리를 캐서 잘 씻은 다음 두릅 뿌리껍질 50g에 물 2컵 반을 붓고 달여 물이 반으로 줄면 이것을 식전이나 식후에 하루 3회 나누어 마신다.

〈만성두통〉

두릅뿌리를 달인 물은 통증이나 땀 흘리는 것을 막고 해열 효과를 낸다. 이 물을 꾸준히 마시면 현기증, 어깨 결림, 신경통, 류머티즘 등의 증세가 좋아진다. 말린 두릅뿌리 10g에 물 3컵을 붓고 그 양이 반으로 줄 때까지 달여 이 물을 하루 치로 삼아 3회에 나누어 식전 또는 식후에 마신다.

〈우울증〉

우울증을 안정시키고 초조감을 진정시키는 효과가 있다.

〈항암작용〉

○ 위암

㉠ 두릅뿌리 껍질 15g, 용담(龍膽), 목단피(牧丹皮), 대황(大黃) 각 4.5g, 목향(木香) 3g, 고거채(국화과의 방가지똥) 9g을 하루 한 첩씩 달여 마신다.

㉡ 두릅, 봉미초(鳳尾草) 각 20g, 지가(地茄, Melastoma dodecandrum 전초) 25g, 당귀 17g, 자하차(紫荷車) 10g, 사충말(沙蟲末), 애명주잠자리(Myrmeleon의 유충) 8g을 가루로 하여 6~9g씩 하루 3차례 먹는다.

㉢ 두릅뿌리 30g을 날마다 달여 마신다.

○ 폐암 : 두릅 500g, 협엽한신초(狹葉翰信草) 500g으로 6첩을 만들어 먹는다.

성분표(100g당)

	에너지	수분	단백질	지질	회분	탄수화물	
						당질	섬유
	(kcal)	(%)	(g)	(g)	(g)	(g)	(g)
두릅							
(순)							
(생것)	21	91.1	3.7	0.4	1.1	3.7	1.4
(데친 것)	39	88.2	3.2	0.2	0.8	7.6	1.4
땅두릅							
(전체, 생것)	18	94.4	0.8	0.1	0.4	4.3	–
(전체, 데친 것)	13	95.9	0.6	–	0.3	3.2	0.5
잎							
(생것)	38	85.7	4.3	0.3	1.2	8.5	1.5
(데친 것)	51	81.0	6.3	0.8	1.1	10.8	2.7
줄기							
(생것)	13	94.4	1.6	0.2	0.7	3.1	0.9
(데친 것)	13	94.4	1.5	0.1	0.7	3.3	0.9

	칼슘	인	철	나트륨	칼륨	나이아신	폐기율
	(mg)	(mg)	(mg)	(mg)	(mg)	(mg)	(%)
	15	103	2.4	5	446	2.0	18
	32	84	1.4	5	341	0.4	6
	7	25	0.2	–	220	0.5	35
	8	22	0.1	1	190	0.5	0
	140	66	1.9	22	172	1.2	–
	221	75	2.5	27	235	1.1	–
	36	34	1.1	29	264	0.9	–
	55	26	0.8	3	196	0.9	–

비타민	A			B_1	B_2	C
	Retinol Equivalent	레티놀 (mg)	베타카로틴 (mg)	(mg)	(mg)	(mg)
	67	0	403	0.12	0.25	15
	20	0	122	0.06	0.12	3
	0	0	0	0.02	0.01	4
	0	0	0	0.01	0.02	3
	10	0	60	0.25	0.46	47
	24	0	141	0.22	0.35	14
	1	0	4	0.16	0.31	4
	1	0	7	0.11	0.12	4

11. 마

1) 이름과 식물학적 특성

학 명	*Dioscorea batatas*
별 명	자연서, 서예
생약명	산약(山藥)
과 명	마과
영 명	Yam
일본명	ヤマノイモ(yamano-imo)
유사종	참마(*D. japonoca*), 부채마, 둥근마, 도로꼬마, 각시마, 단풍마, 국화마
분 포	우리나라 전역, 중국, 일본, 러시아
이용부위	뿌리, 어린잎
식물학적 특성	덩굴성의 암수딴그루이며 1~2m 정도 높이로 자라고 6~7월에 백색의 꽃이 피며 10월에 둥근 날개가 달린 씨가 달린다.

2) 재배적 특성

(1) 번식방법

씨, 육아(영여자), 뿌리줄기로 번식이 가능하나 씨는 불안정하여 대량번식이 쉽지 않아 육종 등의 특별한 목적으로만 사용하고 뿌리줄기에 의한 번식은 발아력이 강한 장점이 있으나 뿌리줄기 절단에 의한 부패가 문제가 된다. 반면에 육아번식은 많은 종서를 만들 수 있고 육아의 저장이 용이하며 발아력도 왕성하다. 하지만 종서양성에 1~2년, 재배에 2~3년이 걸리는 단점이 있다.

(2) 재배관리

마는 흡수뿌리가 지표면을 얕게 뻗어 나가므로 건조지나 배수가 불량한 곳에서는 재배가 어렵다.

마는 덩굴이 15m 정도까지 자라는 식물이므로 길이 2.5m 정도의 대나무 또는 파이프로 지주를 세워주는 것이 중요하다. 새로운 덩이줄기가 비대하는 7월 하순에서 9월까지 적시에 관리를 해주면 수확량을 높일 수 있다.

(3) 수확

덩굴이 10월에 마르면 수확 할 수 있으나 한꺼번에 캐면 저장 중에 부패할 수 있으므로 출하할 때마다 캐는 것이 좋다. 서리가 내린 다음 지상부가 완전히 마른 후에 품질이 특히 좋아진다.

3) 성분 및 효능

뿌리에 당단백으로 된 점액질인 뮤신(Mucin)이 0.5% 있고 스테로이드 사포닌(Steroid saponin)이 들어 있다. 동의치료에서 자양강장약으로 전신쇠약, 병후쇠약에 쓰며 지사제로도 사용 가능하다. 마 뿌리를 생약으로 산약(山藥)이라 부르며 이용 범위가 매우 넓은 보약에 쓰이기 때문에 붙여진 이름이라 생각된다. 비위가 약하고 허약하고 입맛이 없으며 피로하여 설사할 때 효과가 있다.

신장을 튼튼하게 하며 당뇨병에도 쓴다. 육미환(六味丸), 팔미환(八味丸) 등의 보약에도 들어가며 우황청심환(牛黃淸心元)에도 들어간다.

〈신경통〉

마 15g에 물 2컵 정도의 비율로 부어 그 물이 반으로 줄어들 때까지 달여서 밥 먹기 30분 전에 따뜻하게 마신다.

〈야뇨증〉

허약체질이 원인인 야뇨증에 효과가 있다. 몸이 찬 아이는 수프나 죽에 넣거나 생선살과 섞어서 튀김으로 만들어 먹으면 좋다.

〈정력부족〉

마즙을 차게 식혀서 마시는 것이 더욱 효과가 있다. 위가 약한 사람은 강판에 간 마를 말려서 하루에 2~3회, 1/2 큰술씩 먹는다.

〈원기 부족〉

마는 자양강장 작용이 뛰어난 채소다. 다진 장어를 마즙으로 반죽하여 끓인 마 장어국을 먹는다. 위장이 약한 사람은 생강즙과 잘게 썬 파를 먹기 직전에 넣는다.

〈잦은 소변〉

당뇨병으로 인해 소변이 잦은 사람에게 효과가 있다. 마를 갈아서 지은 밥을 마 밥을 해먹는다. 하루에 마 60g을 꾸준히 먹으면 좋다. 단, 반드시 익혀서 먹는다.

〈기침, 가래〉

강판에 곱게 간 마즙에 시럽 또는 꿀을 섞어 하루 2회, 1회에 1 큰술씩 따뜻하게 해서 먹으면 효과를 볼 수 있다.

〈피부미용〉

신진대사를 높이고 위장을 튼튼하게 하고 소화를 촉진시키는 작용을 하기 때문에 피부미용에 좋다. 마를 가늘게 채 썰고 김은 살짝 구워 잘게 부순 뒤 고루 섞어 무쳐 먹는다.

〈말랐을 때〉

마는 대표적인 자양강장 식품이다. 마른 사람에게는 마를 넣어 끓인 현미 죽을 권할 만하다. 죽 속에 식욕을 돋우는 닭고기나 자양강장 작용이 있는 패주, 체력을 증진시켜 주는 구기자를 더하면 더욱 효과적이다.

성분표(100g당)

	에너지	수분	단백질	지질	탄수화물		회분
					당질	섬유	
	(kcal)	(%)	(g)	(g)	(g)	(g)	(g)
단마	92	74.4	2.9	0.2	20.3	0.6	1.6
산마	55	84.2	2.5	0.2	11.5	0.5	1.1
장마	98	72.6	2.8	0.2	220.	0.8	1.6

	칼슘	인	철	비타민				나이아신	폐기율
				A	B_1	B_2	C		
	(mg)	(mg)	(mg)	(IU)	(mg)	(mg)	(mg)	(mg)	(%)
	33	55	0.5	0	0.12	0.09	12	0.4	−
	27	43	0.7	0	0.11	0.04	10	0.2	−
	22	42	0.3	0	0.12	0.06	10	0.4	−

12. 머위

1) 이름과 식물학적 특성

학 명	*Petasites japonicus*
별 명	머우, 머구, 머귀, 관동초, 봉두엽, 봉두채, 봉즙채, 사두초, 머윗대, 머웃대
생약명	관동(款冬)
과 명	국화과
영 명	Kuki
일본명	フキ(fuki)
꽃 말	공정한 판단을 내리다.
분 포	습한 산기슭, 중국, 일본
이용부위	잎, 줄기
식물학적 특성	암수가 다른 여러해살이풀로 뿌리는 육질이 굵고 땅속 깊이 자라며 땅속줄기가 5~10cm 깊이에 3~4개 나와서 7~8마디쯤 자라 마디마다 새싹이 나와 잎이 핀다. 주로 식용으로 이용되는 잎자루가 지름 1cm, 길이 60cm로 자라는데 자르면 독특한 향이 있고 속은 비어 있다. 꽃이 이른 봄에 잎보다 먼저 피는데 식용으로 이용하며 수꽃은 황백색이고 암꽃은 백색이다.

2) 재배적 특성

(1) 번식방법

씨로 번식하거나 포기나누기를 한다. 포기나누기는 뿌리줄기를 싹을 포함하여 잘라 심는다.

(2) 재배관리

머위는 고온과 건조에 약한 식물이므로 수분이 충분하도록 해주어야 하는데 지표 가까이의 뿌리줄기는 수분보다 양분을 주로 흡수하기 때문에 수분이 과다하면 뿌리가 썩으므로 수분 관리를 잘해주어야 한다. 반면에 저온에 강하므로 이른 봄부터 비교적 빨리 생장을 시작한다.

(3) 수확

보통은 4월부터 수확하며 1년에 2~3회 수확할 수 있다. 대개 1~2월경에 비닐을 씌워 보온하면 1개원쯤 빨리 수확할 수 있다.

3) 성분 및 효능

꽃봉오리에는 쓴맛 물질인 페타시틴(Petasitin), 이소페타시틴(Isopetasin), 정유, 쿠에르세틴(Quercetin)과 켐페롤(Kaermpferol)이 있다. 잎에는 플라보노이드(Flavonoid), 트리테르펜(Trielpene), 사포닌(Saponin)이 있다.

민간에서는 기침 • 가래와 감기에 약으로 쓴다.

〈현기증〉

머위 잎을 씻어 소금에 버무리면 즙이 나오는데, 그 즙을 소주 잔으로 한 잔 정도 마신다. 갑작스런 현기증에 효과를 낸다.

〈기관지 천식〉

매일 머위를 반찬으로 조리해서 꾸준히 먹으면 기관지 천식 증세가 가라앉고 체질도 개선된다. 잎과 줄기를 잘게 썰어 묽은 간장에 삶아 먹는다. 고기 음식에 섞어 먹으면 무리 없이 먹을 수 있다.

〈축농증〉

축농증으로 인한 코막힘에는 머위 줄기를 2cm 정도 썰어 잠자기 전에 콧구멍에 밀어 넣는다.

〈진통〉

머위 생잎 양면을 약한 불에 살짝 구워서 잘 비벼 부드럽게 한 다음 식혀서 어깨에 붙이면 심한 어깨 결림이라도 하룻 밤 만에 편안해진다. 급할 때는 푸른 즙이 나올 때까지 잎을 비벼 아픈 부위에 발라도 된다.

〈벌레 물린 데〉

잎과 줄기에서 즙을 짜내어 바른다.

〈다래끼〉

다래끼처럼 고름이 고이는 증세는 머위의 잎으로 약을 만들어 환부에 붙여주면 효과를 낸다.

〈항균 작용〉

머위 잎에 들어 있는 헥사날이라는 성분은 강한 항균 작용을 한다. 목뼈를 삐었을 때, 칼에 베었을 때, 화상 등에 머위 잎을 프라이팬에 잘 볶아 부드럽게 만든 다음 아픈 부위에 찜질한다. 급한 경우에는 생즙을 거즈에 적혀서 아픈 부위에 붙여도 좋다. 또 달인 즙을 마시면 생선 식중독이나 체기로 인한 설사에도 효과가 있다.

성분표(100g당)

	에너지 (kcal)	수분 (%)	단백질 (g)	지질 (g)	회분 (g)	탄수화물 당질 (g)	탄수화물 섬유 (g)
머위 (생것)	27	88.9	3.5	0.4	1.7	5.5	1.2
(마른 것)	240	7.2	17.4	3.7	13.5	58.2	11.6
(데친 것)	16	93.7	0.5	–	0.6	5.2	1.0
(삶은 것)	20	92.5	3.2	0.7	0.6	3.0	1.3
	칼슘 (mg)	인 (mg)	철 (mg)	나트륨 (mg)	칼륨 (mg)	나이아신 (mg)	폐기율 (%)
	88	68	2.6	18	550	1.5	24
	1104	366	59.3	48	1114	0.5	0
	43	1	0.3	3	10	0.7	0
	81	44	1.7	27	290	1.2	0
비타민	A Retinol Equivalent	레티놀 (mg)	베타카로틴 (mg)	B_1 (mg)	B_2 (mg)	C (mg)	
	754	0	4522	0.03	0.17	28	
	32	0	191	0.39	3.17	6	
	7	0	40	0.02	0.06	11	
	384	0	2306	0.02	0.06	0	

13. 모싯대

1) 이름과 식물학적 특성

학 명	*Adenophora remotiflora*
별 명	모시나물, 모시때, 게로기, 행엽채, 행엽사삼, 지삼
생약명	제니(薺尼)
과 명	초롱꽃과
영 명	Remotiflorate lady bell
일본명	ソバナ(sobana)
분 포	전국
이용부위	뿌리
식물학적 특성	여러해살이풀로 뿌리는 약간 굵은 육질이며 갈라지는 경우가 많다. 줄기의 높이가 40~100cm 정도 자라며 자르면 흰 유즙이 나온다. 잎의 가장자리에 톱니가 있으며 잎자루가 길다. 8~9월에 보라색 꽃이 종 모양으로 아래를 향해 핀다.

2) 재배적 특성

(1) 번식방법

주로 씨로 번식하며 가을에 씨를 받아 묘상에 바로 뿌리거나 이듬해 4월에 뿌린다. 포기나누기로도 가능하나 번식률이 낮아 특별한 용도가 아닌 다음에는 잘 사용하지 않는다.

(2) 재배관리

파종 후 1년간 제초 및 비배관리를 잘하고 이듬해 봄에 나물로 수확하며 뿌리를 목적으로 할 때는 늦가을이나 봄에 넓게 심는다.

(3) 수확

5~6월경에 순이 나와서 줄기가 연할 때 수확하며 꽃대가 나오기 전까지 연한 순을 수확할 수 있다. 뿌리는 가을에 줄기가 마른 뒤 이른 봄까지 수확할 수 있다.

3) 성분 및 효능

뿌리를 '제니'라 하는데 여기에 사포닌과 이눌린이 있으며 동의치료에서 뿌리를 거담제, 해독제 등으로 사용하고 특히 뱀독에 대한 해독작용이 있다. 민간에서는 종기나 벌레 물린 데, 베인 상처 등에 달여서 먹으면 좋다.

성분표(100g당)

	에너지	수분	단백질	지질	회분	탄수화물	
						당질	섬유
	(kcal)	(%)	(g)	(g)	(g)	(g)	(g)
모싯대	25	91.2	3.2	8.5	1.2	3.9	2.0

	칼슘 (mg)	인 (mg)	철 (mg)	나트륨 (mg)	칼륨 (mg)	나이아신 (mg)	폐기율 (%)
	59	51	5.2	9	675	0.9	3

비타민	A			B1	B2	C
	Retinol Equivalent	레티놀 (mg)	베타카로틴 (mg)	(mg)	(mg)	(mg)
	425	0	2551	0.05	0.09	46

14. 부추

1) 이름과 식물학적 특성

학 명	*Allium tuberosum*
별 명	구백, 가구, 구자, 부취, 염지
생약명	비자(菲子), 가미량(加美良)
과 명	백합과
영 명	Leek
일본명	ニラ(nira)
분 포	전국의 산야, 중국, 일본
이용부위	잎
식물학적 특성	여러해살이풀로 높이는 30~40cm로 꽃이 8~9월에 백색으로 피며 열매가 익으면 세 갈래로 벌어져 6개의 검은색 종자가 나오는데 이를 비자(菲子)라 한다.

2) 재배적 특성

(1) 번식방법

씨로 번식하며 파종 시기는 10월부터 11월초까지이며 다음해 3월 중순에 파종해도 된다.

(2) 재배관리

부추는 재배환경에 대한 적응 폭이 매우 넓은 편으로 장일 조건에서 비늘줄기가 비대해진다. 건조에는 강한 반면에 과습에 약하므로 재배 시 수분 관리가 가장 중요하다.

(3) 수확

종자 수확 시기는 가을이고 줄기와 잎은 필요할 때마다 수시로 수확할 수 있으며 꽃이 피기 전에 해야 한다.

3) 성분 및 효능

비늘줄기에 알리티아민(Alli thiamine)과 비슷한 성분이 있고 전초에 비타민 B_1, B_2와 카로틴(Carotin), 아스코르빈산(Ascorbic acid)이 들어 있으며 동의치료에서는 비늘줄기는 지사제로 사용하고 씨는 이뇨제, 지사제, 강장제로 쓰이고 잎과 줄기는 코피 등의 지혈제로 쓴다. 민간에서는 전초를 위장염, 기관지염, 신경쇠약, 구충제로 쓴다.

〈만성요통〉

부추 달인 물에 청주를 타서 마시면 몸이 따뜻해져 통증이 사라진다. 하지만 위장이 약하거나 알레르기 체질인 사람은 부추 성분으로 인해 설사를 하기도 하므로 주의한다.

〈식은땀〉

체력이 떨어져 밤에 잠을 자면서 식은 땀을 흘리는 사람에게 좋다.

〈자양강장〉

원기 부족을 느낄 때 부추즙이나 부추탕을 만들어 마시면 효과적이다. 부추는 씨에도 강한 약효가 있다. 부추 씨는 한약방에서도 쉽게 구할 수 있는데 하루에 30알을 3회로 나누어 공복 시에 먹는다.

〈딸꾹질〉

부추 씨를 말려 가루로 만든 것을 하루에 3회 먹는다.

〈영양공급〉

부추의 강한 향을 내는 '알릴'이라는 성분이 자율신경을 자극해 위장·내장의 상태를 조절해주고 풍부한 영양분으로 병을 앓고 있는 동안 영양 공급에 적합하다.

성분표(100g당)

	에너지	수분	단백질	지질	회분	탄수화물	
						당질	섬유
	(kcal)	(%)	(g)	(g)	(g)	(g)	(g)
재래종부추							
(생것)	21	91.4	2.9	0.5	1.3	3.9	1.1
(데친 것)	17	93.1	2.3	0.2	0.8	3.6	0.9
호부추							
(생것)	12	94.0	2.0	0.1	0.8	3.1	1.3
(데친 것)	16	92.8	2.0	0.1	0.7	4.4	1.5

	칼슘	인	철	나트륨	칼륨	나이아신	폐기율
	(mg)	(mg)	(mg)	(mg)	(mg)	(mg)	(%)
재래종부추							
(생것)	47	34	2.1	5	446	0.8	11
(데친 것)	52	23	0.7	2	7	0.8	0
호부추							
(생것)	28	39	0.5	1	368	0.9	0
(데친 것)	30	38	0.6	1	330	0.8	0

비타민	A			B1	B2	C
	Retinol Equivalent	레티놀 (mg)	베타카로틴 (mg)	(mg)	(mg)	(mg)
재래종부추						
(생것)	516	0	3094	0.11	0.18	37
(데친 것)	374	0	2242	0.02	0.08	37
호부추						
(생것)	233	0	1400	0.05	0.12	5
(데친 것)	250	0	1500	0.02	0.09	6

15. 비름

1) 이름과 식물학적 특성

학 명	*Amaranthus mangostanus*
별 명	비름나물, 비듬, 비듬나물, 새비름, 참비름, 현, 야현, 삼색현
생약명	현차이
과 명	비름과
영 명	Amaranth, Indian spinach
일본명	ヒユ(hiyu)
유사종	쇠비름(*Portulaca oleracea*)
분 포	전국
이용부위	잎과 줄기
식물학적 특성	한해살이풀로 높이는 40~100cm로 크며 여름에는 가을에 걸쳐 꽃이 피며 열매에는 흑색의 씨가 1개 들어 있다.

2) 재배적 특성

(1) 번식방법

씨로 번식하며 가을에 씨가 익으면 털어서 모아 4월부터 여름까지 아무 때나 뿌려도 된다.

(2) 재배관리

잡초로 취급 될 정도로 생명력이 매우 강하며 특히 건조에 잘 견딘다. 씨를 뿌릴 때에는 흩뿌림을 한다.

(3) 수확

20cm 정도 자랐을 때 수확하면 다시 곁순이 나와서 자라므로 1년에 세 번 정도 수확이 가능하다.

3) 성분 및 효능

생약으로서의 유효성분은 잘 알려지지 않았으며 민간에서 열매를 지사제, 해열제로 쓰고 전초를 갑산선종, 자궁염증에 쓰며 이뇨제, 지혈제로 사용하고 치질에도 쓴다.

성분표(100g당)

	에너지 (kcal)	수분 (%)	단백질 (g)	지질 (g)	회분 (g)	탄수화물 당질 (g)	탄수화물 섬유 (g)
비름 (생것)	30	89.0	3.3	0.8	1.8	5.1	0.8
(데친 것)	31	89.1	3.1	1.0	1.7	5.1	1.0
열대 비름	37	84.2	5.8	0.9	2.6	6.5	2.2

	칼슘 (mg)	인 (mg)	철 (mg)	나트륨 (mg)	칼륨 (mg)	나이아신 (mg)	폐기율 (%)
비름 (생것)	169	57	5.7	6	524	0.6	0
(데친 것)	107	45	3.4	–	–	0.6	0
열대 비름	172	52	2.3	–	–	3.1	0

비타민	A Retinol Equivalent	레티놀 (mg)	베타카로틴 (mg)	B_1 (mg)	B_2 (mg)	C (mg)
비름 (생것)	429	0	2571	0.05	0.09	36
(데친 것)	310	0	1860	0.05	0.07	17
열대 비름	304	0	1859	0.06	0.15	23

16. 산마늘

1) 이름과 식물학적 특성

학 명	*Allium microdictyon*
별 명	물구, 물굿
생약명	야자고, 전도초, 면조아
과 명	백합과
영 명	Japanese squill
일본명	シルボ(tsurubo)
분 포	우리나라 전역
이용부위	어린잎, 인경(뿌리)
식물학적 특성	여러해살이풀로 잎은 2~3장이고 꽃은 산형화서로 5~7월에 흰꽃을 피고 열매는 8~9월에 검게 익는다. 전체에 강한 마늘냄새가 난다.

2) 재배적 특성

(1) 번식방법

씨로 번식하거나 자연 분구된 자구로 한다. 가을에 수확한 씨를 땅에 가매장했다가 다음해 4월에 파종한다. 또는 늦가을이나 이른 봄 싹트기 전에 깊이 파서 자구를 모구(어미 뿌리)와 분리하여 심는다.

(2) 재배관리

산야에 자생하는 것이 많아 아직도 채취하여 이용하는 단계이고 재배되는 양은 많지 않다. 재배 시에는 영양분을 많이 요구하고 비늘줄기가 깊이 들어가므로 깊게 갈고 밑거름을 충분히 주는 것이 중요하다.

(3) 수확

나물로 이용하려고 할 때는 4~5월경에 지하의 비늘줄기는 그대로 두고 잎이 올라온 것만을 채취한다.

3) 성분 및 효능

비늘줄기와 잎과 꽃에 부파디에놀리드(Bufadienolid)라는 강심배당체가 들어 있다. 비늘줄기에는 점액질이 있으며 강심, 이뇨작용이 있다.

동의치료에서는 부스럼을 없애며 갈증을 멈추게 하고 이뇨제, 가래 약으로 쓴다.

성분표(100g당)

	에너지 (kcal)		수분 (%)	단백질 (g)	지질 (g)	회분 (g)	탄수화물		
							당질 (g)		섬유 (g)
산마늘	45		84.5	2.2	0.4	0.9	11.1		1.9
	칼슘 (mg)	인 (mg)	철 (mg)	나트륨 (mg)	칼륨 (mg)	나이아신 (mg)		폐기율 (%)	
	41	59	4.2	8	212	1.5		0	
비타민		A Retinol Equivalent		레티놀 (mg)	베타카로틴 (mg)		B_1 (mg)	B_2 (mg)	C (mg)
		2		0	12		0.13	0.13	62

17. 삽주

1) 이름과 식물학적 특성

학 명	*Atractylodes ovata*
별 명	창두초
생약명	창출(蒼朮), 백출(白朮)
과 명	국화과
영 명	Japanese atractylodes
일본명	オケラ(okera)
분 포	전국의 산
이용부위	어린잎, 뿌리
식물학적 특성	암수가 다른 여러해살이풀로 40~60cm 높이로 자라며 봄의 어린싹은 순하고 맛있다. 8~9월에 흰색, 연부홍색의 2cm 정도의 꽃이 피며 10월에 열매가 익는다.

2) 재배적 특성

(1) 번식방법

씨와 포기나누기로 할 수 있으나 포기나누기는 늦가을로부터 봄에 싹트기 전까지 어미포기(모주)를 깨내어 싹을 2~3개 붙여서 쪼갠다. 번식률은 낮으나 생육은 좋다. 하지만 번식률을 높이기 위해 잘게 쪼개면 발육이 안 좋아진다.

씨에 의한 실생 번식은 가을에 씨를 따서 직파하는 것이 좋으나 3~4월에도 파종할 수 있다.

(2) 재배관리

삽주 싹을 생산하기 위해서는 밀식하는 것이 유리하고 뿌리를 생산하기 위해서는 60cm×20cm 간격으로 심는 것이 좋다. 꽃이 피려고 하면 포기의 쇠약을 막기 위해서 꽃봉오리를 따버리는 것이 좋다.

(3) 수확

삽주 싹은 목질화 되기 이전의 어린 것을 수확하는 것이 좋다. 이른 봄에 비닐을 씌워 조기재배가 가능하다. 실생묘는 씨를 뿌린 뒤 2년 후부터 수확할 수 있고 포기나누기 한 것은 이듬 해부터 수확 할 수 있다.

뿌리를 약초로 수확할 때는 3~4년 뒤부터 수확한다.

3) 성분 및 효능

삽주는 약으로 사용할 때는 거의 뿌리줄기를 이용하고 나물로 이용 할 때는 어린싹을 이용한다.

삽주의 뿌리줄기를 캐서 물에 씻어 잔뿌리를 다듬고 햇빛에 말린 것을 창출(蒼朮),굵은 덩어리를 골라 겉껍질을 벗긴 것을 백출(白朮)이라 한다.

뿌리줄기에는 약 1.5%의 정유와 카로틴(Carotene), 이눌린(Inulin)이 있고 전초에는 사포닌(Saponin), 쿠마린(Coumarin)반응이 있으며, 어린싹에는 아스코르빈산이 있다.

정유는 적은 양은 진정작용이 있으나 많은 양을 쓰면 호흡마비를 일으킨다. 또한 정유는 항균 작용이 강하다.

동의치료에서는 이뇨제, 소화 불량 등에 사용하고 민간에서는 뿌리를 지사제, 당뇨병, 폐결핵, 기침, 류머티즘, 감기, 간질병, 악성 종양에 쓴다.

또한 뿌리를 태운 연기를 옷장이나 쌀 창고 안에 쏘이면 장마철에도 곰팡이가 생기지 않는다고 하는데 이것은 뿌리를 태울 때 휘발 된 아트락틸로딘(Atractylodin)의 작용에 의한 것으로 생각된다.

〈구토〉

과식으로 복통이나 구토, 설사를 일으켰을 때 또는 불결하고 세균 감염이 된 음식을 먹어서 구토증이 있을 때 삽주 뿌리와 탱자열매를 가루로 만들어 먹으면 효과가 있다. 삽주 뿌리를 쌀뜨물에 12시간 담가 두었다가 그 물을 새것으로 갈아서 다시 24시간 동안 담가 둔다. 삽주 뿌리가 다 불었으면 껍질을 벗기고 햇볕에 말려 곱게 가루로 만든다. 탱자열매도 말려서 가루로 만들어 삽주 뿌리와 2:1의 비율로 섞는다. 이것을 한 번에 10g씩 하루 3회 먹는다.

〈현기증〉

수분대사가 나빠 생기는 현기증에 잘 듣는다. 삽주 뿌리 5g에 물 2컵을 부어 그 양이 반으로 될 때까지 달인다. 이것을 하루에 3회 나누어 마신다.

〈잦은 소변〉

체력이 약하여 소변이 잦은 사람에게 좋다. 말린 삽주 뿌리 35g에 물 2컵을 부어 그 양이 반으로 줄 때까지 달여 하루 3회로 따뜻하게 마시면 효과가 있다.

〈항암효과〉

○ 폐암 : 백출(白朮), 복령, 제남성(製南星), 백삼(白蔘, 따로 달인다), 선아(仙芽), 보골지(補骨脂), 봉방(蜂房), 강잠 각 10g, 산해라(山海螺), 생황기, 태자삼(太子參), 각 30g, 오미자 9g, 포강, 동충하초(冬蟲夏草, 따로 가루 내어 탕액에 섞어 먹는다) 3g을 하루 1첩씩 달여 먹되 병증을 보아 가감한다(중의 종양학).

성분표(100g당)

	에너지 (kcal)	수분 (%)	단백질 (g)	지질 (g)	회분 (g)	탄수화물 당질 (g)	탄수화물 섬유 (g)
삽주	40	84.1	5.3	1.3	1.4	7.9	3.4

칼슘 (mg)	인 (mg)	철 (mg)	나트륨 (mg)	칼륨 (mg)	나이아신 (mg)	폐기율 (%)
108	86	4.4	0	0	0.8	

비타민	A Retinol Equivalent	레티놀 (mg)	베타카로틴 (mg)	B_1 (mg)	B_2 (mg)	C (mg)
	375	(0)	(2250)	0.19	0.14	11

18. 쑥

1) 이름과 식물학적 특성

학 명	*Artemisia princeps*
별 명	애, 구초, 애고, 의초
생약명	애엽(艾葉)
과 명	국화과
영 명	Mugwort
일본명	ヨモギ(yomogi)
유사종	산쑥, 그늘쑥, 덤불쑥, 율무쑥, 가는잎쑥, 뺑쑥, 참쑥, 외잎쑥, 물쑥, 제비쑥, 비단쑥, 비쑥, 사철쑥
분 포	전국의 산야, 중국, 일본
이용부위	잎, 줄기
식물학적 특성	여러해살이풀로 땅속줄기가 옆으로 길게 뻗어 있으며 꽃은 8~10월경에 줄기 끝에 황백색으로 핀다. 국내에 26종류가 보고되어 있다.

2) 재배적 특성

(1) 번식방법

종자에 의한 실생 번식과 포기나누기나 꺾꽂이로도 번식이 가능하다.

(2) 재배관리

아직도 봄철에 산야에서 채취하는 것이 많으나 집약적으로 재배하기 위해서는 10~12cm로 밀식하는 것이 연한 것을 수확할 수 있어 좋다.

산야에서 자란 것보다 바닷가나 섬에서 자란 것이 좋다. 그래서 우리나라에서는 강화도에서 생산되는 쑥을 최고로 친다.

(3) 수확

수확 시에는 밑의 싹을 남겨두어야 여러 번 수확할 수 있다. 나물로 이용할 경우에는 이른 봄에 수확하는 것이 좋고 약으로 사용 할 때는 7월쯤에 약간 쉰 듯한 것이 알맞다.

3) 성분 및 효능

전초에 정유, 타닌질(Tannin), 수지, 아르테미신(Artemisin) 등의 성분이 들어 있다. 잎에는 정유가 약 0.02%, 콜린(Choline) 0.11%, 비타민 A, B, D 등이 있다. 뿌리에는 다당류인 아르테모즈(Artenose)가 약 1.8%와 0.1% 정도의 정유가 있고 이눌린(Inulin)과 점액이 있다.

동의치료에서는 지사제, 진통제로 자궁출혈, 복통 등에 쓰며 강장보혈 약으로도 쓴다.

민간에서는 전초를 진정제, 진통제로 산통, 두통, 치통, 위암, 매독, 임질, 류머티즘, 기침, 발한, 해열, 기관지염, 기관지천식, 폐결핵, 폐렴, 감기 등에 쓴다. 또한 잎을 찧어서 벌레나 뱀에 물린 데 바른다.

〈손발이 저릴 때〉

손발이 저리거나 경련이 있을 때에는 말린 쑥잎을 12g 정도 달여 마시거나 술을 담가 마시면 효과를 볼 수 있다. 이때 쑥은 잎을 6~7월에 약간 쉰 것을 햇볕에 말렸다가 사용하는데 산이나 논밭에서 자란 것보다 바닷가나 섬에서 자란 것이 좋다.

〈치질〉

딱딱하게 굳어진 대변이 항문을 빠져 나올 때 상처가 생겨 출혈이 심해지면 분마기에 쑥을 곱게 갈아 항문에 고루 바르면 효과가 있다.

〈속이 쓰릴 때〉

소화가 잘되지 않고 속이 쓰릴 때, 만성위장병에는 쑥 조청을 만들어 먹으면 효과가 있다. 아침, 저녁 공복일 때에 1작은술씩 먹는다.

〈월경 이상〉

통증이 심하고 양이 많을 때 달여 마시거나 생즙을 짜서 마시면 좋다.

〈냉증〉

쑥 20g과 말린 생강 10g에 물 5컵을 붓고 그 양이 반으로 될 때까지 달여 하루 3회에 나누어 마신다.

〈설사〉

6~7월경에 약간 쉰 듯한 잎을 뜯거나 줄기까지 모두 잘라서 잘 말린 다음 생강을 조금 넣고 달여 마신다.

〈냉으로 인한 두통〉

말린 쑥 한 줌 분량을 3컵 정도의 물에 넣어 양이 반으로 줄어들 때까지 달여 이것을 하루의 양으로 해서 차처럼 마신다.

〈코피가 날 때〉

조금 쉰 듯한 쑥을 따다가 바람이 잘 통하는 그늘에서 바짝 말린다. 하루에 3g씩 물 3컵을 붓고 물이 반으로 줄 때까지 달여서 따뜻할 때 조금씩 마신다.

〈상처 난 데〉

쑥 10~15g을 흐르는 물에 씻어 분마기에 간 후 거즈로 싸서 즙을 받아낸다. 그 즙을 탈지면에 적셔 베이거나 긁힌 부위에 발라 준다. 즙을 짜고 난 건더기는 거즈에 얇게 펴 발라 환부에 대고 붕대나 반

창고로 고정시킨다.

〈항암효과〉

○ 갑상선류

㉠ 야애편(野艾片, 0.5g 무게의 알 속에는 생약 5g에 해당되는 유효성분을 갖고 있다)을 3~6알씩 하루 3회 먹는다. 야애엽(野艾葉)에는 요오드가 풍부하다.

㉡ 풋쑥잎으로 쑥떡을 만들어 자주 먹는다.

○ 비강암유혈(鼻腔癌流血) : 애회(艾灰)를 흡입하며 쑥잎을 달여 마신다.

성분표(100g당)

	에너지 (kcal)	수분 (%)	단백질 (g)	지질 (g)	회분 (g)	탄수화물 당질 (g)	탄수화물 섬유 (g)
쑥							
(생것)	68	71.9	5.3	0.	2.8	20.0	4.7
(삶은 것)	21	89.5	3.2	0.4	0.8	6.1	3.3
쑥갓							
(생것)	21	90.9	3.5	0.1	0.9	4.6	1.4
(삶은 것)	16	92.3	2.3	0.2	1.8	3.4	0.9

	칼슘 (mg)	인 (mg)	철 (mg)	나트륨 (mg)	칼륨 (mg)	나이아신 (mg)	폐기율 (%)
쑥 (생것)	230	65	4.3	11	1103	0.8	0
쑥 (삶은 것)	75	47	4.4	4	278	0.5	0
쑥갓 (생것)	38	47	2.0	47	260	0.3	5
쑥갓 (삶은 것)	123	68	8.6	64	359	0.4	0

비타민	A Retinol Equivalent	레티놀 (mg)	베타카로틴 (mg)	B1 (mg)	B2 (mg)	C (mg)
쑥 (생것)	563	0	3375	0.12	0.32	33
쑥 (삶은 것)	740	0	2820	0.05	0.04	3
쑥갓 (생것)	626	0	3755	0.07	0.14	18
쑥갓 (삶은 것)	525	0	3150	0.12	0.30	9

19. 씀바귀

1) 이름과 식물학적 특성

학　명　*Ixeridium dentatum*
별　명　쓴나물, 싸랑부리, 씸배나물, 쓴귀물
생약명　고채(苦菜), 황과채(黃瓜彩)
과　명　국화과
영　명　Sowthistle

일본명　ニガナ(nigana)
분　포　전국의 산야
이용부위　어린순, 뿌리
식물학적 특성　두해살이풀로 높이 30cm 전후로 자라며 줄기나 잎을 자르면 흰 유즙이 나온다. 꽃은 5~7월에 노란색으로 약 1.5cm 정도 크기로 핀다.

2) 재배적 특성

(1) 번식방법

씨가 많이 달리고 뿌리가 직근성이므로 씨로 번식한다.

(2) 재배관리

봄에 어린순과 뿌리를 함께 먹으므로 토양이 비옥하고 부엽층이 깊은 것이 좋다. 씨를 직파하면 10일 후면 발아하며 파종량은 300평에 2ℓ 정도가 적당하고 20cm 간격으로 줄뿌림한다.

잡초 성질이 강하므로 아무 곳에서나 잘 자라지만 직사광선이 강한 곳에서는 빨리 꽃대가 나와 뿌리에 심이 박힌다.

(3) 수확

잎과 뿌리를 함께 이용하는 것이므로 뿌리를 상하지 않게 수확해야 한다. 봄에 수확 할 때 꽃대가 나오기 전에 하도록 한다.

3) 성분 및 효능

신선한 상태의 씀바귀에는 80여 종류의 휘발성의 풍비 정유성분이 있으며 나물 풋내음의 주성분은 헥세놀(Hexenol)로 확인되었다.

전초에 플라보노이드(Flavonoid)인 시나로사이드(Synaroside)가 혈당 강하 및 지질 강하 효과를 보였다. 유액 성분은 알리파틱(Aliphatic) 및 트리페르페노이드(Triterpenoid)로 알려져 있다.

민간에서는 진정, 최면, 해열, 조혈, 건위, 소화불량, 폐렴, 간염, 타박상, 종기 및 식욕촉진 등에 오래전부터 사용되어 왔다.

봄에 씀바귀나물을 많이 먹으면 여름에 더위를 먹지 않는다고 널리 알려져 왔으며, 오장의 사기와 중열을 제거하고 심신을 편히 해주며, 잠을 적게 하고 악창을 다스려 준다. 악창이 있을 때는 씀바귀 생즙 한 공기에 생강즙 한 숟갈을 타서 하루에 두 번 복용하면 효과가 있다고 한다. 쓴 즙을 마시면 얼굴과 눈동자의 누런기를 없애며 눈을 맑게 하고 이질을 다스리고 치질의 경우에도 사용되었다.

성분표(100g당)

	에너지 (kcal)	수분 (%)	단백질 (g)	지질 (g)	회분 (g)	탄수화물	
						당질 (g)	섬유 (g)
씀바귀							
(생것)	39	85.8	2.9	0.4	1.7	9.2	1.2
(데친 것)	27	90.0	2.6	0.2	0.9	6.3	1.1
(뿌리)	67	78.1	2.8	0.3	0.8	18.0	1.8

	칼슘 (mg)	인 (mg)	철 (mg)	나트륨 (mg)	칼륨 (mg)	나이아신 (mg)	폐기율 (%)
	74	45	1.1	36	440	1.6	0
	81	35	0.8	19	152	1.0	0
	50	79	5.0	4	339	0.5	–

비타민	A			B_1	B_2	C
	Retinol Equivalent	레티놀 (mg)	베타카로틴 (mg)	(mg)	(mg)	(mg)
	305	0	1832	0.16	0.31	7
	266	0	1593	0.14	0.09	2
	0	0	0	0.20	0.24	23

20. 연꽃(연근)

1) 이름과 식물학적 특성

학 명 *Nelumbo nucifera*

별 명 하근, 옥절, 성사삼

생약명 연근(蓮根)

과 명 수련과

영 명 Hindu lotus root

일본명 しソコソ(lenkon)

꽃 말 웅변

분 포 늪지대

이용부위 뿌리, 잎, 열매

식물학적 특성 여러해살이 물풀로 뿌리줄기 식물이며 뿌리에는 구멍이 많고 뿌리에서 꽃대가 나와 그 끝에 한 송이 꽃이 7~8월에 직경 20cm 정도로 분홍색으로 핀다. 연실(蓮實)이라 불리는 과실은 타원형으로 검게 익는다.

2) 재배적 특성

(1) 번식방법

씨로 번식하는 방법과 가는 뿌리가 붙은 뿌리줄기를 심어서 증식하는 방법이 있으나 뿌리줄기를 채취하는 방법이 대량 증식에 유리하며 늪, 연못에 뿌리의 끝쪽 2마디 정도를 잘라 심는다.

(2) 재배관리

자연의 늪이나 연못을 개선하여 재배하는 것이 이상적이다. 가능한 한 오염된 물을 피하고 농약이 흘러들지 않도록 하는 것이 중요하다. 생육을 좌우하는 것은 수질, 수심, 수온, 일조 등의 요소로서 물관리는 물높이가 갑자기 바뀌는 것을 피하고 일정한 수위를 유지하도록 한다.

(3) 수확

재식 후 2~3년 후부터 수확 가능하며 시기는 아무 때라도 상관없다.

3) 성분 및 효능

연의 뿌리줄기를 연근(蓮根)이라 하며 로에메린(Roemerine), 누시페린(Nuciferine), 노르누시페린(N-nornuciferine) 등의 성분이 있다. 이 밖에 아스파라긴(Asparagine)이 약 2%, 아르기닌(Arginine), 타닌(Tannin)질, 수지, 티로신(Tyrosine), 아스코르빈산(Ascorbicacid)이 있다.

연근 외에도 연방(꽃받침), 하엽(잎), 연술(수술), 우절(뿌리줄기의 마디), 연화(꽃봉오리)도 약으로 쓴다.

로에메린(Roemerine), 누시페린(Nuciferine)은 진통작용, 진정작용이 있다. 민간에서는 폐렴, 기관지 천식, 임질, 강장, 소화불량뿐만 아니라 뱀과 독벌레에 물렸을 때 사용한다.

〈목감기〉

달걀흰자를 섞은 연근 즙으로 이를 닦으면 효과를 본다. 연근 반 개와 달걀 1개를 준비하여 연근의 껍질을 두껍게 벗기고 강판에 갈아 즙을 낸 후, 달걀의 흰자를 연근 즙에 부어 잘 저은 후 서늘한 곳에 보관한다. 이렇게 만든 것으로 3회 걸쳐 사용 할 수 있다.

〈심한 기침〉

연근을 껍질 째 말려 얇게 썬 다음 물엿과 함께 달여 마시면 기침이 가라앉는다. 즙을 마셔도 같은 효과를 내는데 이때 껍질도 함께 이용한다.

〈피부미용〉

깨끗이 씻은 연근 20g을 껍질을 벗기고 얄팍하게 썬 다음 팔팔 끓는 물에 살짝 데친다. 물에 불린 쌀 1컵과 연근을 섞고 물 2컵을 부어 약한 불에서 끓이다가 소금으로 간을 하면 좋다. 여기에 연꽃 열매(연자)를 넣으면 더욱 좋다. 연꽃 열매는 한약재 시장에서 구입할 수 있다.

〈방광염〉

출혈을 멈추게 하는 성분이 있고 소염작용도 있어 염증과 통증을 가라앉힌다. 방광염에 의한 혈뇨나 배뇨 후의 통증에는 연근 즙이 효과가 있다.

거즈에 받쳐 짠 연근 생즙 1작은술을 1회 분량으로 하여 하루에 3회 마신다. 연꽃의 열매도 달여 마시면 효과가 있는데 달이는 방법은 열매 120g에 물 3컵을 붓고 물이 반으로 줄 때까지 달인다.

〈숙취피로〉

일반 식품에는 부족한 비타민 B_1, B_2가 들어 있어 숙취로 인한 피로를 빨리 풀어주며 신경의 불안정을 조절한다. 연근을 강판에 갈아 생강 즙을 조금 타 마시거나 연근을 찧어 따뜻한 물에 타서 1회에 1컵 정도를 하루 2회 마신다.

〈원기 부족〉

검고 단단한 연꽃 열매 15g을 깨끗이 씻어 물 3컵을 붓고 그 양이 반으로 줄 때까지 달여서 하루에 3회로 나누어 공복 시에 마신다.

〈열로 갈증이 심할 때〉

연근 즙을 내어 마신다. 연근 즙에 배즙을 조금 섞어 마시면 한층 효과가 있고 연근 즙에 불린 쌀을 넣고 죽을 쑤어 먹어도 같은 효과를 낸다.

〈갱년기 장애〉

폐경기의 부정출혈이나 안절부절 못하는 초조감 등에는 연근을 늘 먹는 것이 좋다. 즙을 내어 먹어도 좋다.

〈신경피로 회복〉

스트레스로 신경이 불안정할 때는 몸의 균형을 잡아주고 병의 발생을 예방한다. 연근 즙은 체중 1kg당 10㎖가 적당하므로 체중에 따라 정해 몇 차례에 나누어 마신다. 조림과 튀김으로 해먹어도 좋다.

〈코피〉

이유 없이 코피가 자주 나는 사람은 연근 즙을 소주잔으로 한 잔씩 마신다. 번거롭더라도 매일 하루 분량씩 만들어 마시는 것이 좋다.

〈기관지 천식〉

담이 나오는 기침에는 배즙에 연근 즙을 섞어(배 시럽+연근 즙도 좋다) 마시면 기침으로 인한 불안정을 다소 회복 할 수 있다.

성분표(100g당)

	에너지 (kcal)	수분 (%)	단백질 (g)	지질 (g)	회분 (g)	탄수화물 당질 (g)	탄수화물 섬유 (g)
연근 (생것)	67	80.2	2.1	0.1	1.2	16.4	0.8

	칼슘 (mg)	인 (mg)	철 (mg)	나트륨 (mg)	칼륨 (mg)	나이아신 (mg)	폐기율 (%)
	22	67	0.9	36	377	0.3	13

비타민	A Retinol Equivalent	레티놀 (mg)	베타카로틴 (mg)	B_1 (mg)	B_2 (mg)	C (mg)
	0	0	0	0.11	0.01	57

21. 우엉

1) 이름과 식물학적 특성

학 명	*Arctium lappa*
별 명	우방, 우웡, 우자, 우방자, 대력, 우채, 흑풍자, 구보, 무용자
생약명	우방근(牛蒡根)
과 명	국화과
영 명	Common burdock
일본명	ゴボウ(gobo)
꽃 말	인격자
분 포	전국의 산야
이용부위	잎, 줄기
식물학적 특성	여러해살이풀로 높이가 1~2m 정도이며 뿌리가 길이 30~60cm 정도로 곧게 들어가 있다. 7월에 자주색으로 꽃이 피고 9월에 씨가 여문다.

2) 재배적 특성

(1) 번식방법

씨로 번식한다.

(2) 재배관리

뿌리를 이용하므로 재배토양의 성질이 가장 중요하다. 모래가 많이 섞여 물 빠짐이 양호한 곳에서 뿌리가 길게 자랄 수 있어 좋다. 이때 수분이 부족하지 않도록 한다.

(3) 수확

파종한 그해에 수확이 가능하나 상품으로 출하하기 위해서는 이듬해에 꽃피기 전에 수확한다.

3) 성분 및 효능

생약으로 사용하는 부위는 뿌리(牛蒡根)와 열매(牛蒡子)가 있으며 뿌리에는 아르크틴(Arctin), 이눌린(Inulin), 정유, 타닌질, 점액, 수지 등이 있고 열매에는 리그난(Lignan) 배당체, 사포닌(Saponin), 쿠마린(Coumarin) 등이 있다.

뿌리의 아르크틴(Arctin) 성분은 이뇨작용과 물질대사 촉진작용이 있다.

민간에서는 이뇨제, 진통제, 류머티즘, 매독, 발한, 해열, 당뇨병, 폐결핵, 기침, 폐렴에 쓴다. 또한 강장약, 위염, 소화제로도 사용한다.

〈뇌졸중일 때〉

우엉에 들어 있는 이눌린(Inulin) 성분이 신장의 기능을 도와 몸에 쌓여 있는 노폐물의 배설을 순조롭게 한다. 그 외에도 풍부한 식물성 섬유가 많이 들어 있어 혈압을 높이는 변비 증세를 해소한다. 이러한 성분들의 작용으로 우리 몸의 신진대사가 활발해지고 혈액 순환도 좋아져 뇌졸중에 효과가 있는데 무엇보다 꾸준히 먹는 것이 중요하다.

〈종기〉

종기가 난 부위에 즙을 직접 바르거나 거즈에 적셔 찜질을 한다. 약이 마르면 자주 새것으로 교환해 주도록 한다. 단 알레르기성 피부나 민감성 피부를 가진 사람은 부작용을 일으킬 수 있으므로 겨드랑이 살처럼 부드러운 피부에 발라 시험을 해보고 나서 사용하도록 한다.

〈땀띠〉

우엉의 뿌리나 잎 5~10g에 물 1컵을 붓고 진하게 삶아서 그 물을 목욕 후에 골고루 바르면 된다.

〈비듬〉

잎을 빻아 즙을 내어 두피에 바르고 다음날 아침에 씻어낸다.

〈열이 나고 목구멍에 통증이 있을 때〉

우엉의 씨(牛蒡子) 10g에 물 2컵을 붓고 그 물이 반으로 될 때까지 달인 물을 입에 머금고 있다가 조금씩 삼킨다. 이렇게 계속하면 목구멍의 부기가 가라앉고 통증이 진정되며 열이 내린다. 우엉 씨를 달일 때 도라지 2g을 함께 넣고 달이면 빠른 효과를 볼 수 있다.

〈불임증〉

피곤하거나 몸의 컨디션이 좋지 않아 임신이 되기 어려울 때, 혈액순환을 촉진시켜 나쁜 피를 밖으로 내보내는 작용이 뛰어나다. 뿌리 1개를 껍질째로 1~2cm 길이로 썰어 소주 2컵을 붓고 1주일 정도 서늘한 곳에 두었다가 공복 시에 1잔씩 마시면 좋다. 월경이 예정일보다 늦어질 때도 이것을 계속 마시면 월경이 순조로워진다.

〈중이염〉

우엉 즙을 통증이 있는 귀에 2~3방울 정도 넣는데 2시간 간격으로 한다. 이때 우엉 씨를 물에 뭉근하게 달여 하루에 3회 공복 시에 함께 마시면 약 효과가 더욱 뛰어나다.

〈항암효과〉

○ 암성 부종 : 우엉 씨 60g을 볶아서 갈아 6g씩 하루에 3회 복용한다.

○ 후암 : 우엉 씨 1.8g, 마린자(馬藺子) 1.8g을 가루로 하여 온수로 공복에 먹는다. 우엉 씨 90g,

소금 60g을 가루로 만들고 초열(炒熱)하여 싸서 아픈 곳의 겉을 찜질한다.

○ 각종 암종 : 우엉의 전초와 소리쟁이 전초, 발계 전초를 배합하여 먹는다. 우엉 씨 7알에 물 100㎖를 붓고 끓여 세 번에 나누어 먹는다.

○ 악성임파육류 : 우엉뿌리, 천화분(天花粉) 각 15g, 자호(紫胡) 9g, 토패모(土貝母), 산두근(山豆根), 토복령, 노봉방(露蜂房), 판란금, 현삼(玄蔘), 귀침초(鬼針草, 도깨비바늘), 지금초(地錦草, 대극과의 땅빈대 전초), 연교(連翹) 각 30g을 하루에 1첩씩 달여서 복용한다.

○ 자궁경암 : 우엉뿌리, 저실자(楮實子, 닥나무의 열매)를 각각 등분하여 작말하여 6g씩 하루 두 번 먹는다.

○ 직장암 : 우엉 뿌리 70%, 적소두산[赤小豆散(당귀, 赤小豆, 포공영 각 등분한 것)] 30%를 가루로 만들어 6g씩 하루에 두 번 온수에 섞어 먹는다.

성분표(100g당)

	에너지		수분	단백질	지질		탄수화물		회분
							당질	섬유	
	(kcal)		(%)	(g)	(g)		(g)	(g)	(g)
우엉 (생것)	81		76.0	2.6	0.3		18.6	1.7	0.8
	칼슘	인	철		비타민			나이아신	폐기율
				A	B_1	B_2	C		
	(mg)	(mg)	(mg)	(IU)	(mg)	(mg)	(mg)	(mg)	(%)
	73	78	1.5	0	0.01	0.19	13	–	–
비타민	A						B_1	B_2	B_3
	Retinol		레티놀	베타카로틴					
	Equivalent		(mg)	(mg)			(mg)	(mg)	(mg)

22. 잔대

1) 이름과 식물학적 특성

학 명	*Adenophora triphylla* var. *japonica*
별 명	딱주
생약명	사삼(莎參)
과 명	초롱꽃과
영 명	Japanese lady bell
일본명	シリガネニソゾソ(tsurigane-ninchin)
유사종	둥근잔대, 넓은잔대, 왕잔대, 두메잔대, 나리잔대, 털잔대, 진퍼리잔대, 수원잔대, 당잔대, 섬잔대
분 포	전국의 산야, 중국, 일본
이용부위	어린순, 뿌리
식물학적 특성	여러해살이풀로 뿌리가 굵고 곧게 들어간다. 높이 40~100cm 정도로 자라며 한 포기에서 여러 줄기가 나온다. 줄기는 외대로 곧게 자라는데 자르면 흰 유즙이 나온다. 꽃은 7~9월에 보라색의 종 모양으로 2cm 크기로 핀다.

2) 재배적 특성

(1) 번식방법

씨와 포기나누기로 번식이 가능하며 씨는 가을에(9~10월) 채종하여 흩어 뿌려 직파하면 쉽게 발아한다.

(2) 재배관리

1년간 비배관리를 잘하였다가 이듬해부터 수확하도록 한다. 2~3년째에는 순을 채취하고 3~4년째는 뿌리를 수확하는 재배방법이 좋다. 밀식을 하면 연하고 긴 순을 얻을 수 있다.

(3) 수확

봄에 어린순을 연할 때 수확하며 끝의 연한 순은 꽃이 피기 직전까지도 채취할 수 있다.

뿌리를 수확 할 때는 늦가을이나 이른 봄이 좋으며 2년째 가을부터 계속해서 수확할 수 있다.

3) 성분 및 효능

성분과 효능에 있어서 모싯대와 비슷하며 잔대의 뿌리를 사삼(莎參)이라 하는데 옛 문헌에서 볼 것 같으면 사삼은 인삼, 현삼, 단삼, 고삼과 함께 다섯 가지 삼의 하나였으며 그 형태가 비슷해서가 아니고 약효가 같기 때문이라 한다. 즉 예로부터 사삼도 보약으로 사용하여 왔다. 사삼이란 뜻은 모래땅에 잘 자란다는 뜻이다.

동양 사삼의 기원식물은 우리나라에서는 더덕 뿌리이고, 중국에서는 18세기부터 잔대뿌리를 남사삼, 갯방풍 뿌리를 북사삼이라 하고 일본에서는 잔대뿌리를 사삼이라 하였다. 그러나 더덕 뿌리를 국내에서 사삼으로 시판하고 있는 것은 오용(誤用)이고 잔대 뿌리를 사삼이라 하는 것이 타당하다고 생각한다.

뿌리에는 사포닌과 이눌린이 있으며 동의치료에서 뿌리를 거담제, 강장제, 해독제등으로 사용한다. 민간에서는 종기나 벌레 물린 데, 베인 상처 등에 이용한다.

성분표(100g당)

	에너지		수분	단백질	지질		탄수화물		회분
							당질	섬유	
	(kcal)		(%)	(g)	(g)		(g)	(g)	(g)
잔대(생것)	36		92.5	3.1	2.5		0.7	2.4	1.0
	칼슘	인	철		비타민			나이아신	폐기율
				A	B_1	B_2	C		
	(mg)	(mg)	(mg)	(IU)	(mg)	(mg)	(mg)	(mg)	(%)
	43	50	0.3	3941	0.04	0.10	54	–	–
비타민	A						B_1	B_2	B_3
	Retinol		레티놀	베타카로틴					
	Equivalent		(mg)	(mg)			(mg)	(mg)	(mg)

23. 참나물

1) 이름과 식물학적 특성

학 명	*Pimpinella brachycarpa*
별 명	반디나물, 거린당이, 머내지, 자근, 지주향, 단화회근
생약명	야근채(野芹菜)
과 명	산형과
영 명	Short-fruit
일본명	ミツバヒカゲゼリ (mitsuba-hikage-zeri)
분 포	전국의 산지의 응달
이용부위	어린잎
식물학적 특성	여러해살이풀로 높이 40~50cm로 자라고 6~8월에 흰색으로 꽃이 피며 10월에 열매가 익는다.

2) 재배적 특성

(1) 번식방법

씨와 포기나누기로 번식이 가능하다. 씨를 뿌릴 경우는 가을에 채종하여 다음해 4~5월에 뿌릴 때까지 마르지 않도록 해주는 일이 중요하다.

포기나누기는 싹트기 전이나 잎줄기를 수확 한 직후에 할 수 있다. 싹을 몇 개 붙여서 쪼개 심는다.

(2) 재배관리

반그늘 진 곳이 연한 잎을 생산할 수 있어 좋고 씨를 뿌린 후 10일이면 싹이 나오나 1년간은 비배관리를 하였다가 이듬해부터 수확한다. 김치감으로 연한 참나물을 겨울에 출하하기 위해서는 비닐하우스에서 촉성연화 재배를 한다.

봄에 파종 한 것을 비배 관리하여 11월에 왕겨나 톱밥으로 15cm 높이로 덮어주면 1~2월에 수확 가능하다.

(3) 수확

자연 상태에서의 수확기는 4~5월이나 꽃이 피지 않으면 언제라도 수확할 수 있다.

3) 성분 및 효능

성분표(100g당)

	에너지 (kcal)	수분 (%)	단백질 (g)	지질 (g)	회분 (g)	탄수화물 당질 (g)	탄수화물 섬유 (g)
참나물							
(생것)							
-야생	339	86.7	3.5	0.4	1.8	7.6	1.7
-재배	29	87.3	3.1	0.1	2.0	7.5	1.8
(마른 것)							
-야생	248	6.1	5.9	3.5	10.2	74.3	17.1
-재배	273	5.2	8.5	3.8	10.9	71.6	9.9

	칼슘 (mg)	인 (mg)	철 (mg)	나트륨 (mg)	칼륨 (mg)	나이아신 (mg)	폐기율 (%)
	102	71	2.0	4	955	0.8	0
	46	14	0.9	24	579	0.2	0
	54	11	2.2	-	-	0.7	0
	36	17	3.6	-	-	0.9	0

비타민	A Retinol Equivalent	레티놀 (mg)	베타카로틴 (mg)	B_1 (mg)	B_2 (mg)	C (mg)
	963	0	5778	0.09	0.32	15
	234	0	1404	0.04	0.03	6
	11	0	67	0.09	0.09	4
	92	0	551	0.12	0.15	4

24. 취나물(개미취, 곰취, 미역취, 수리취, 참취)

개 미 취

곰 취

참 취

수리취

미역취

1) 이름과 식물학적 특성

(1) 개미취

학 명 *Aster tataricus*
별 명 탱알, 명나물, 자완
생약명 자원
과 명 국화과
영 명 Tatarian aster

일본명 シオソ(shion)
분 포 낮은 산의 양지 바른 곳
이용부위 취나물에 해당하는 것들은 모두 나물로 이용할 때에는 주로 잎만 사용하고 약용으로 할 때는 뿌리를 이용한다.
식물학적 특성 여러해살이풀로 줄기가 곧게 서서 1.5~2m의 높이로 자란다. 8~9월에 지름이 2cm 정도 되는 연보라색의 꽃이 피며 10월에 종자를 맺는다.

(2) 곰취

학 명 *Ligularia fischeri*
별 명 왕곰취, 곤달비
생약명 재엽탁오
과 명 국화과
영 명 Fischer ligularia

일본명 シラヤマギク(shirayama-riku)
분 포 전국의 깊은 산
이용부위 취나물에 해당하는 것들은 모두 나물로 이용할 때에는 주로 잎만 사용하고 약용으로 할 때는 뿌리를 이용한다.
식물학적 특성 여러해살이풀로 잎자루가 50cm로 길고 잎은 뿌리에서 돋아나며 30cm정도로 크다. 잎은 털이 없고 삶아도 녹색이 그대로 유지되는 특성이 있다. 7~8월에 긴 꽃대가 나와서 노란색의 꽃이 피고 10월에 종자가 익는다.

(3) 미역취

학 명 *Solidago virgaurea* subsp. *asiatica* var. *asiatica*
별 명 메역취, 돼지나물
생약명 일지황화(一枝黃花)
과 명 국화과
영 명 Golderod

일본명 アキノキリソソウ (akino-kirinsho)
분 포 전국의 산야
이용부위 취나물에 해당하는 것들은 모두 나물로 이용할 때에는 주로 잎만 사용하고 약용으로 할 때는 뿌리를 이용한다.
식물학적 특성 여러해살이풀로 높이 50~80cm로 자라며 식물체 전체에 털이 나 있다. 7~9월에 지름 1cm 정도의 노란색 꽃이 피며 10월에 종자가 익는다.

(4) 수리취

학 명	*Synurus deltoides*
별 명	수리치, 수루취, 개취
생약명	산우방(山牛蒡)
과 명	국화과
영 명	Triangularis synurus
일본명	ヤマボクチ(yama-bokuji)
분 포	산야의 양지 바른 곳
이용부위	취나물에 해당하는 것들은 모두 나물로 이용할 때에는 주로 잎만 사용하고 약용으로 할 때는 뿌리를 이용한다.
식물학적 특성	여러해살이풀로 1~2m 높이로 자란다. 9~10월에 흑자색의 꽃이 피며 10월에 종자를 맺는다.

(5) 참취

학 명	*Aster scaber*
별 명	백운초, 백산국, 동풍, 동풍채, 나물채, 암취
생약명	동풍채(東風菜)
과 명	국화과
영 명	Rough aster
일본명	ツラヤマギワ(shirayama-giku)
분 포	전국의 산야
이용부위	취나물에 해당하는 것들은 모두 나물로 이용할 때에는 주로 잎만 사용하고 약용으로 할 때는 뿌리를 이용한다.
식물학적 특성	여러해살이풀로 줄기가 곧게 서서 높이가 1~1.5m로 자란다. 8~9월에 흰색 꽃이 피며 10월에 종자를 맺는다.

2) 재배적 특성

취나물로 이용되는 개미취, 곰취, 미역취, 수리취, 참취는 모두 국화과의 식물로 식물학적인 특성들도 비슷하고 번식법, 재배 관리법 및 수확 법도 거의 차이가 없다.

(1) 번식방법

씨와 포기나누기로 한다. 가을에 씨가 익으면 채종하여 직파하거나 이른 봄에 뿌린다. 곰취의 발아율이 가장 좋지 않다.

포기나누기는 지상부가 모두 지고 난 후인 늦가을이나 싹이 나기 전인 이른 봄에 뿌리를 캐내어 뿌리줄기에 싹을 붙여서 쪼개어 심으면 된다.

(2) 재배관리

파종 후 볏짚 등을 덮어서 건조를 방지하는 것이 중요하다. 포기나누기를 할 때는 줄기뿌리를 심은 뒤 충분히 물을 주고 반그늘로 차광을 해 주면 좋다. 저온에서 잘 견디며 겨울에 비닐을 씌워 보온해 주면 연하고 충실한 나물 조기 수확이 가능하다.

(3) 수확

수확은 잎 크기가 약 10cm 정도일 때가 적기이며 뿌리를 상하지 않게 수확하면 새 순이 계속해서 나와 1년에 2~3회의 수확이 가능하다.

3) 성분 및 효능

(1) 개미취

전초에는 쿠에르세틴, 아스테르사포닌, 정유가 들어 있고 꽃에는 많은 플라보노이드와 카로티노이드가 있다. 뿌리에는 트리테르페노이드와 쿠마린화합물과 정유가 들어 있다.

동의치료에서는 기침•가래 약으로 쓰며 폐결핵, 기관지염, 천식, 감기 때에도 쓴다. 민간에서는 전초를 가래약, 지사제로 쓰며 신경쇠약에도 사용한다.

〈항암효과〉

- 폐암 : 자원, 지모(知母) 각 12g, 행인(杏仁), 패모(貝母) 각 9g, 상백피(桑白皮), 복령 각 15g, 생감초, 백인삼(白人蔘) 각 6g, 의이인(薏苡仁), 산해라(山海螺, 더덕) 각 24g을 하루 1첩씩 달여 3번에 나누어 마신다.
- 폐암각혈 : 자원과 천근(仟根)가루를 반반 섞어 조린 꿀로 앵두알 크기의 환을 지어 자주 1알씩 물고 있는다.

(2) 미역취

〈항암효과〉

- 갑상선종양 : 지황화(枝黃化) 15g, 한신초(韓信草), 마린(馬藺) 각 12g, 성숙채(星宿菜) 24g을 하루에 1첩씩 물에 달여 3번 나누어 먹는다. 20일을 한 치료단계로 한다. 종양이 소실된 뒤에도 1~3차의 치료 단계를 계속하여 약을 먹어야 한다.
- 혀암, 후암(喉癌) : 미역취 15g을 물로 달여 자주 입에 물고 조금씩 넘겨 목을 축인다.

(3) 곰취

성분표(100g당)

	에너지		수분	단백질	지질		탄수화물		회분
							당질	섬유	
	(kcal)		(%)	(g)	(g)		(g)	(g)	(g)
곰취(생것)	36		87.7	4.6	0.7		2.8	2.6	1.6
	칼슘	인	철		비타민			나이아신	폐기율
				A	B_1	B_2	C		
	(mg)	(mg)	(mg)	(IU)	(mg)	(mg)	(mg)	(mg)	(%)
	107	67	3.1	1941	0.04	0.09	20	0.8	23
비타민	A						B_1	B_2	B_3
	Retinol		레티놀	베타카로틴					
	Equivalent		(mg)	(mg)			(mg)	(mg)	(mg)

(4) 참취

성분표(100g당)

	에너지		수분	단백질	지질		탄수화물		회분
							당질	섬유	
	(kcal)		(%)	(g)	(g)		(g)	(g)	(g)
참취(생것)	29		87.5	2.3	0.1		6.3	2.6	1.5
	칼슘	인	철		비타민			나이아신	폐기율
				A	B_1	B_2	C		
	(mg)	(mg)	(mg)	(IU)	(mg)	(mg)	(mg)	(mg)	(%)
	8	80	0.5	3504	0.03	0.27	4	0.2	0
비타민	A						B_1	B_2	B_3
	Retinol		레티놀	베타카로틴					
	Equivalent		(mg)	(mg)			(mg)	(mg)	(mg)

(5) 수리취

성분표(100g당)

	에너지	수분	단백질	지질	탄수화물		회분
					당질	섬유	
	(kcal)	(%)	(g)	(g)	(g)	(g)	(g)
수리취(떡취) 산채	62	79.1	3.9	0.2	14.7	1.7	2.1

	칼슘	인	철	비타민				나이아신	폐기율
				A	B_1	B_2	C		
	(mg)	(mg)	(mg)	(IU)	(mg)	(mg)	(mg)	(mg)	(%)
	46	21	3.2		0.03	0.19	18	0.2	–

비타민	A			B_1	B_2	B_3
	Retinol Equivalent	레티놀 (mg)	베타카로틴 (mg)	(mg)	(mg)	(mg)
	98	(0)	(587)			

제4장
자생과수 자원식물

1. 가래나무

1) 이름과 식물학적 특성

학 명	*Juglans mandshurica* var. *mandshurica* for. *mandshurica*
생약명	핵두추과(核桃楸果)
과 명	가래나무과
영 명	Mandshurica walnut
일본명	マンシュウグルミ(manshu-ugurumi)
유사종	호두나무
분 포	소백산, 속리산 이북, 중국, 시베리아
성숙시기	9월
열매 색	흑갈색

원산지는 한국, 중국으로 중용수이며 낙엽활엽교목이다. 2n=32. 잎은 기수우상복엽으로 길이는 80cm, 소엽이 7~17개 난다. 난상(卵狀) 타원형 또는 타원형이고 길이 6~18cm, 너비 3~7cm로 예두, 일그러진 아심장저(亞心臟低)이고 세거치(細鋸齒)가 있다. 표면은 털이 있고 점차 없어진다. 뒷면

은 맥 위에 성상모(星狀毛)가 있다. 꽃은 자웅동주(雌雄同株), 단성화(單性花)로 풍매화(風媒花)이며 전년 가지 끝에 수꽃화서는 길이 9~20cm로 보통 12개가 달리고, 암꽃화서는 직립하며 4~10개가 있고 주두는 적색이다. 열매는 핵과로 길이 4~5cm, 지름 3cm이며 난형(卵形) 또는 구형(球形)으로 종자는 흑갈색 8개의 능선(稜線)과 요철(凹凸)이 심하다. 내부는 2실이다. 줄기는 직간직립(直幹直立) 큰 가지가 넓게 퍼지고 수피는 회색이며 세로로 얇게 갈라진다. 비옥한 토양에서 특히 잘 자라며 물이 흐르는 계곡이나 산록의 비옥지에서 주로 생육하는데 뿌리의 발달이 좋으며 생장이 빠른 편이다. 맹아력(萌芽力)이 강하고 추운 지방에서 잘 자라지만 고온 건조한 곳에서는 생장이 불량하다. 녹음수나 독립수로 알맞다. 수형(樹形)은 광원추형(廣圓錐形), 수고는 20m, 직경이 80cm이다. 우리나라 중부이북 100~1,500m 사이의 산기슭과 계곡에 자생한다.

2) 재배학적 특성

군식을 피하고 독립수 또는 다른 수종과 혼식한다. 토양습도가 높은 곳을 좋아하나 정체한 물이 있는 정체수가 있는 토양에서는 생육이 불량하다. 전정하여 수형을 조절한다. 조경수로는 알맞지 않고 용재 및 추자(가래열매) 생산용으로 식재하며 소경목으로 이식, 식재한다.

(1) 번식방법

① 실생 : 10월 하순에 노천 매장하여 봄에 퇴비를 많이 넣은 다음 점파 건조하면 2년 후에 발아한다.
② 종자 : 순량률 98%, 실중 2,928.57g, ℓ 당 43립, 발아율 62%

(2) 병충해 방제

① 흰가루병 : 다이센 M-45 500배액, 카라센유제, 동기는 석회황합제 5%액을 살포한다.
② 탄저병 : 4-4식 보르도액, 만코지수화제 500배액 등을 6월부터 10일 간격으로 살포한다.

3) 이용

전국에 식재하며, 조림수 대목용, 목재는 건축재, 기구재, 조각재, 기계재, 외과피, 수피는 약용으로 쓰이고 종자는 식용, 약용, 장식용으로 쓰인다.

2. 개암나무

1) 이름과 식물학적 특성

학 명	*Corylus heterophylla*	유사종	난티잎개암나무, 물개암나무, 병개암나무, 참개암나무
생약명	진자(榛子)	분 포	전국, 시베리아, 극동러시아, 중국, 일본, 몽골
과 명	자작나무과	성숙시기	9월
영 명	Siberian filbert	열매 색	갈색
일본명	オヒョウハシバミ(hashi-bami)		

원산지는 한국, 일본으로 양수이며 낙엽활엽관목이다. 잎은 호생하고 난상 원형 또는 광도란형, 예첨두이며 원저 또는 아심장저이다. 잎의 길이는 6~12cm, 너비는 5~12cm로 뒷면에는 잔털이 나고 가장자리는 뚜렷하지 않지만 깊이 패어 들어간 부분과 세거치가 있으며 엽병의 길이는 1~2cm이다.

꽃은 자웅동주 단성화로 3~4월에 피고 수꽃이삭은 2~5개가 가지 끝과 밑부분에서 축 들어지며 겨울부터 있고 수꽃은 포 안에 1개씩 들어 있다. 수술은 8개이다. 암꽃이삭은 가지 끝에 있고 난형이며 10개 이상의 화주가 선홍색으로 나오고 포린마다 2개가 있으며 1개의 자방, 2개의 화주가 있다. 열매는 2개의 엽상으로 배열한 총포 2개가 종형으로 되어 쌓고 있고 견과는 둥글고 지름은 1.5~2.9cm의 갈색으로 9~10월에 익는다. 줄기가 밑에서부터 여러 갈래로 나누어져 올라와 원형의 나무모양을 이룬다. 수피는 회갈색이며 소지는 갈색이다. 수형은 원형이며 수고는 5m, 직경이 10cm이다. 수직적으로 표고 50~1,500m, 수평적으로는 거의 전국에 야생하고 있다. 햇볕에 잘 드는 양지 쪽의 비옥하고 배수가 양호한 사질양토에서 군생하며 전석지에서 생육이 왕성하고 개화결실이 잘된다.

2) 재배학적 특성

토심이 깊고 습하지 않는 햇볕이 잘 드는 산록부의 양지가 적당하고 북서풍 바람맞이가 아닌 곳을 택하여 재배하는 것이 좋다. 유실수로 재배할 때는 접목된 우수품종을 선택하고 시비를 잘한다. 자연형으로 관리하고 소경목으로 이식, 식재한다.

(1) 번식방법

취목, 분근, 실생에 의하여 번식하고 우수한 품종은 접목(설접)을 통해 증식한다. 가을에 종자를 채취하여 노천 매장하였다가 3월 하순부터 4월 상순 사이에 파종한다. 건조 방지를 위한 피복 및 관수를 한다.

(2) 병충해 방제

① 박쥐나방 : 메프수화제를 벌레구멍에 넣고 진흙으로 밀폐한다.

② 깍지벌레 : 기계유 95% 유제 25배액, 수프라사이드 1,000배액 등을 살포한다.

③ 개암나방 : 디프수화제 또는 마라치온 1,000배액을 살포한다.

④ 진딧물 : 메타시스톡스 25% 유제 1,000배액 등을 살포한다.

⑤ 흰가루병 : 다이센 또는 4-4식 보르도액을 살포한다.

3) 이용

종자는 식용 및 약용한다.

성분표(100g당)

	에너지 (kcal)		수분 (%)	단백질 (g)	지질 (g)	회분 (g)	탄수화물 당질 (g)	탄수화물 섬유 (g)
개암나무								
(마른 것)	586		4.7	19.8	58.5	3.6	13.4	6.6
(볶은 것)	684		1.0	14.9	69.1	3.6	9.6	
	칼슘 (mg)	인 (mg)	철 (mg)	나트륨 (mg)	칼륨 (mg)	나이아신 (mg)	폐기율 (%)	
	312	784	3.7		967	7.0	47	
	200	680	2.6	78	620	1.5	0	

비타민	A Retinol Equivalent	레티놀 (mg)	베타카로틴 (mg)	B_1 (mg)	B_2 (mg)	C (mg)
	(0)	(0)	(0)	0.07	0.22	0
	2	0	12	0.88	0.26	0

3. 고욤나무

1) 이름과 식물학적 특성

학 명	*Diospyros lotus*	유사종	감나무
생약명	군천자(君遷子)	분 포	경기이남, 대만, 중국, 일본
과 명	감나무과	성숙시기	10월
영 명	Date plum	열매 색	황색
일본명	マメガキ(mame-gaki)		

원산지는 한국, 중국, 서아시아, 히말라야이고 양수이며 낙엽활엽교목이다. 2n=30. 잎은 호생하고 타원형 또는 단원형으로 길이 6~12cm, 너비 3.5cm~6cm이고 급첨두이며 원저 또는 광예저이고 가장자리는 거치가 있고 표면은 녹색이며 어릴 때는 털이 있으나 없어지고 뒷면은 회백색이며 맥 위에 굽은 털이 있다. 꽃은 자웅이주 단성화로 새 가지의 밑부분 엽액에서 2~3개씩 달리고 6월에 연한

황백색의 병 같은 통꽃이 밑을 향해 핀다. 꽃받침은 4편, 열편은 삼각형으로 짧은 털이 있으며 수꽃은 16개의 수술이 있고 암꽃은 꽃밥이 없는 8개의 수술이 있으며 화주는 2~3개가 심피에서 합생하고 길이는 8~10mm, 통꽃은 길이 5mm이다. 열매는 장과로 둥글고 지름이 1~1.5cm로 10월에 황색에서 남흑색(흑자색)으로 익으며 백분이 있다. 종자가 1~3개가 있고 편극형이다. 줄기는 직립하고 수피는 흑갈색으로 평활하며 새 가지는 회녹색이고 짧은 회색털이 있다. 수형은 원정형, 수고 15m, 지름 50cm이다. 황해도이남, 표고 500m 이하, 마을 부근에 재식되고 있고 변종으로 청고욤나무가 있다.

2) 재배학적 특성

토심이 깊은 사질양토에 배수가 좋은 비옥지에서 생장이 좋으며 고온, 건조, 척박지는 부적지이다. 자연형으로 관리하고 충분한 공간을 확보하여 햇빛이 잘 받게 하여 단독으로 식재한다. 이식은 소경목으로 3~4월에 식재하고 수분수를 혼식하여야 결실이 잘된다.

(1) 번식방법

실생 : 가을에 익은 열매에서 종자를 정선하여 젖은 모래에 노천매장 하였다가 이듬 해 봄에 파종한다.

(2) 병충해 방제

① 탄저병 : 봄철의 발아직전에 석회유황합제 5%액을 살포하고 장마가 끝난 후에 다이센 M-45 600배액이나 디포란탄수화제 800배액, 안트라콜 600배액을 8~9월까지 3~4회 정도 살포한다.

② 깍지벌레류 : 겨울에는 가지고르기, 가지치기 후인 12~4월 사이에 기계유유제(95%) 25배액을 가지와 줄기 전체에 살포하고 우화 약충기에 메치온, 디메토유제 1,000배액, 디프테렉스 등을 살포한다.

③ 나방류 : 수프라사이드, 마라치온 1,000배액 등을 살포한다.

3) 이용

감나무 대목용으로 재배하고 과실은 식용 또는 약용, 염색, 목재는 기구재로 쓰인다.

4. 금감

1) 이름과 식물학적 특성

학 명	*Fortunella japonica* var. *margarita*	유사종	귤, 광귤, 유자나무
생약명	금귤(金橘)	분 포	남부지방 과수로 식재
과 명	운향과	성숙시기	10월
영 명	Hongkong kumquat'	열매 색	주황
일본명	キンカン(kinkan)		

원산지는 중국이며 종용수로 상록활엽관목이다. 2n=18. 잎은 호생하며 피침형 또는 단원형이다. 길이는 5~9cm, 너비 2~3cm로 거치가 없거나 끝 쪽에 뚜렷하지 않은 거치가 있다. 표면은 심녹색으로 광택이 있고 잎맥이 뚜렷하지 않다. 뒷면은 청록색이고 선점이 산재한다. 양 끝은 서서히 좁아진

예두, 예저이다. 엽병은 길이 8~12mm로 좁은 날개가 있다. 꽃은 자웅동주 양성화로 전년지에 1~3개로 액생하고 6월에 백색으로 되며 향기가 강하다. 꽃받침은 5개, 꽃잎은 5개이고 길이는 약 7mm이다. 수술은 20~25개로 약간 합생, 속생한다. 암술은 1개이고 자방은 4~5실이다. 열매는 감과이고 단원형 또는 도란형으로 길이 2.5~3.5cm이며 10~11월에 황금색 또는 동황색으로 성숙한다. 과피는 육질로 평활하며 선점이 있고 향기가 있다. 내심피는 4~5실이고 육질이 감미로운 즙으로 되어 있으며 종자는 난상 구형으로 길이 10~12mm이고 1~2개가 들어 있다. 줄기는 직립하지만 가지가 많다. 수피는 갈색으로 소지는 녹갈색 수가 있다. 수형은 원형이고 수고는 2~4m, 지름 4~7cm이다. 남부(난대) 표고 200m 이하에서 재식되고 있다. 둥근 금감나무가 있다.

2) 재배학적 특성

연평균 기온이 15~17℃인 난대 해안지역이 적지이며 토심이 깊고 배수가 잘되며 습기가 있는 비옥지가 생육이 좋고 고온, 건조, 척박지는 부적지이다. 전정은 4월에 실시하고 착과를 고려하여 가지는 균등하게 배치하고 소경목으로 이식, 식재하며 유묘는 방한 시설을 한다. 분재는 한해를 입지 않게 하고 관수를 잘한다.

(1) 번식방법

접목 : 탱자, 유자의 실생묘를 대목으로 4월에 복접을 실시하고 해가림을 설치한다.

(2) 병충해 방제

① 잎벌레, 흰불나방, 어스렝이나방, 방패벌레 : 수프라사이드, 디프테렉스 1000 배액 등을 살포한다.

② 흰가루병 : 다이센 M-45 500배, 톱신수화제, 4-4식 보르도액 등을 살포하는데, 상처 부위는 버섯균이 침입하므로 즉시 살균제(톱신파스타)를 도포하며 버섯균사는 확산부위는 제거하고 4-4식 보르도액, 다이센 M-45 500배액, 포말린 등을 피해부에 살포해 준다.

3) 이용

조경수(정원, 공원, 분재)로 이용되며 과수 열매는 식용이나 약용으로 쓰인다.

5. 까치밥나무

1) 이름과 식물학적 특성

학 명	*Ribes mandshuricum* for. *mandshuricum*
생약명	등롱과(燈籠果)
과 명	범의귀과
영 명	Manchurian currant
일본명	オオモミジスグリ(o-momiji-suguri)
유사종	가시까치밥나무, 까마귀밥나무, 까막바늘까치밥나무, 꼬리까치밥나무, 넓은잎까치밥나무, 눈까치밥나무, 바늘까치밥나무, 서양까치밥나무, 명자순
분 포	지리산과 북부지방의 고산지대, 중국
성숙시기	8월
열매 색	적색

원산지는 한국, 중국으로 음수이며 낙엽활엽관목이다. 잎은 호생하며 원형이고 3~5개로 갈라지며 예두, 심장저이고 복거치가 있다. 잎의 표면은 녹색이고 길이와 폭이 각각 4~10cm로 잔털이 산생하며 뒷면에 융모가 있다. 엽병의 길이는 1~6cm로 털이 거의 없다. 꽃은 자웅동주로 길이가 3~9(20)cm인 총상화서를 이룬다. 화서에 털이 밀생하고 포는 숙존성이며 꽃받침 통은 난상 원형이다. 꽃받침 잎은 5개로 둥글며 뒤로 젖혀지고 꽃잎도 5개로 도란형이고 뒤로 젖혀진다. 수술은 5개로 길게 밖으로 나오며 화주는 2개로 갈라지고 3~4월에 녹황색으로 개화하며 밑으로 늘어진다. 열매는 장과로 9~10월에 검붉게 익으며 직경은 7~9mm이다. 줄기는 직립하고 밑에서 분주가 나오며 수피는 회갈색이다. 가지는 털이 없으며 굵고 동아는 난형이며 털이 있다. 소지에는 짧은 털과 지점이 있다. 수형은 피복원형으로 수고는 1~2m, 지름은 1~3cm이다. 지리산 및 전북과 경남이북 표고 200~1,600m 심산의 수림 속에 자생하고 변종으로 개앵도나무가 있다.

2) 재배학적 특성

고온, 건조한 척박지는 생육에 좋지 않고 북향의 적습지에 군식하여야 생육이 좋으며 햇빛을 잘 받아야 결실이 좋다. 자연형으로 관리하나 전정으로 수형을 조절할 수 있다. 잣나무털녹병의 중간 기주이므로 잣나무류와 혼식을 하지 않는다.

(1) 번식방법

① 실생 : 10월에 열매를 채취하여 과육을 제거하고 노천매장 하였다가 3~4월에 파종하고 해가림을 설치한다.
② 삽목 : 3~4월에 숙지삽, 6~7월에 녹지삽을 실시하고 해가림을 설치해 준다.
③ 분주 : 근부 맹아를 3~4월에 분주한다.

(2) 병충해 방제

① 진딧물 : 메타시스톡스 1,000배액을 살포한다.
② 응애 : 켈탈 1,000배액, prethylene 1,000배액 등을 4~5월에 살포하며, 7월 이후는 물리적으로 제거해야 한다.
③ 잣나무털녹병의 중간 기주가 되고 있으므로 클로로피클린으로 토양을 소독한다.

3) 이용

열매는 먹을 수 있고 술로도 만든다.

6. 꾸지뽕나무

1) 이름과 식물학적 특성

학 명	*Cudrania tricuspidata*	유사종	꾸지나무, 닥나무
생약명	자목(柘木)	분 포	황해도이남, 일본, 중국
과 명	뽕나무과	성숙시기	9월
영 명	Tricuspid cudrania	열매 색	적색
일본명	ハリグワ(hari-guwa)		

원산지는 한국, 중국, 일본(재식)으로 양수이며 낙엽활엽소교목이다. 잎은 호생하며 난형 또는 난상 타원형으로 길이 4~15cm, 너비 3~6cm이며 점첨두이고 거치가 있으며 2~3개로 갈라지는 것도 있다. 표면에 잔털이 있으며 뒷면에는 융모가 있고 잎자루에도 털이 있다. 잎의 모양은 생육장소가 비옥하면 감나무 잎보다 크고 결각도 적으나 바위틈, 산비탈 등의 척박지에서 자라면 잎이 작고 결각이

심하며 잎 끝이 꼬리처럼 길게 뻗어난다. 엽병 길이는 5~20mm이다. 꽃은 자웅이주로 배열성 두상화서이고 5~6월에 핀다. 수꽃은 포편이 2~4개, 화피 4개, 수술 4개이며 암꽃은 화피편 4개, 암술 1개이고 소화가 많이 모여 달리며 둥글고 황색이며 짧고 연한 털이 있다. 열매들은 모여 덩어리를 이루는데 둥근 모양이고 지름이 약 2.5cm에 육질이며 붉은 색이고 9월에 익는다. 줄기는 직립하고 큰 가지가 발달했으며 가지의 엽액에 5~35mm의 가시가 있다. 가지에 피목이 발달되어 있고 오래된 수피는 황회색을 띠며 세로로 찢어져 떨어진다. 뿌리는 황색이고 수형은 원정형, 수고는 7~8m, 직경은 20cm이다. 황해도이남 표고 100~700m, 산록 양지바른 쪽이나 전답의 언덕에 잘 자란다.

2) 재배학적 특성

산록의 비옥지나 밭둑에 식재하며 중부지방에서는 동해를 받지 않는 곳에 식재한다. 맹아력이 강해 전정이 가능하므로 수형을 조절 할 수 있다.

(1) 번식방법

① 실생 : 종자채취 후, 과육을 제거한 다음 직파하거나 모래와 섞어 노천매장 하여 뿌리기도 한다. 2년째 발아한다.

② 분주 : 번식은 뿌리 부근에서 새싹이 나오므로 이것을 분주한다.

③ 삽목 : 뽕나무 중에서는 제일 삽목이 잘된다. 6~7월경에 녹지삽을 실시하고 해가림을 설치해 준다.

(2) 병충해 방제

① 깍지벌레류 : 디프테렉스, 수프라사이드 1,000배액 등을 살포한다.

② 응애류 : 켈탄, prethylene 1,000배액 등을 4~5월에 살포한다.

③ 하늘소류 : 스미치온 50배액을 피해구에 주입한다.

3) 이용

잎은 뽕잎 대용으로 쓰고, 열매는 먹을 수 있어 잼을 만들거나 술을 담그고, 수피와 뿌리는 약용이나 종이 원료로 쓴다.

성분표(100g당)

	에너지		수분	단백질	지질	회분	탄수화물		
							당질		섬유
	(kcal)		(%)	(g)	(g)	(g)	(g)		(g)
꾸지뽕나무	281		5.9	14.0	4.9	9.5	65.7		8.0
	칼슘	인	철	나트륨	칼륨	나이아신	폐기율		
	(mg)	(mg)	(mg)	(mg)	(mg)	(mg)	(%)		
	2959	161	7.1	50	1341	0.7			
비타민	A						B_1	B_2	C
	Retinol Equivalent			레티놀	베타카로틴				
				(mg)	(mg)		(mg)	(mg)	(mg)
	592			0	3553		0.17	6.11	141

7. 다래나무

1) 이름과 식물학적 특성

학　명	*Actinidia arguta* var. *arguta*	유사종	개다래, 섬다래, 쥐다래
생약명	미후리(獼猴梨)	분　포	전국, 중국, 일본
과　명	다래나무과	성숙시기	10월
영　명	Bower actinidia, Tara vine, Yang-tao	열매 색	황색
일본명	サルナシ(sarunashi)		

원산지는 한국, 중국, 일본으로 중용수이며 낙엽활엽만경목이다. 2n=c.112. 잎은 호생하고 광란형 또는 광타원형으로 길이 6~13cm, 너비 4~9cm이고 점첨두 또는 급첨두, 원저, 아심장저 또는 심장저이며 뒷면 맥 위에 연한 갈색털이 있지만 곧 없어지나 맥액에는 남고 침상 예거치연이다. 엽병의 길이가 3~8cm로서 흔히 복모가 있다. 엽병 및 엽액이 검은 빛이 돈다. 꽃은 자웅이주 단성화이며 액생 취산화서로 수꽃은 3~10개 달리고 5~6월에 백색으로 피며 지름 1.2~2cm, 꽃받침 잎은 5개이

고 담갈색의 부드러운 털이 있다. 수술은 다수이다. 암꽃은 화주가 사상이며 다수이고 자방은 무모이며 열매는 장과로 구형 또는 도란상 원형으로 광택이 있다. 길이는 2.5cm로 10월에 황록색으로 익는다. 종자는 작고 다수 들어 있고 줄기는 덩굴성이며 수피는 회갈색으로 평활하고 수는 갈색이며 계단상이다. 소지는 잔털이 있고 피목이 뚜렷하며 갈색이다. 가지의 어린 줄기는 다른 물체는 감아 올라간다. 수형은 부착성 만경형이며 수고는 10~30m, 지름은 15~20cm이다. 전국의 표고 1,000m 이하 심산의 수림에서 자생한다. 변종으로 녹다래, 털다래가 있고 섬다래(장과, 갈색반점, 자방에 갈색 털)는 전남 섬 지방에 있다.

2) 재배학적 특성

고온, 건조, 척박지는 부적지이며 토심이 깊고 적습한 비옥지에서 생육이 좋다. 덩굴이 감아 올라갈 수 있는 시설이 필요하고 공간이 확보되어 햇빛이 잘 받아야 개화 결실이 잘된다. 수분수가 혼식되어야 하며 자연형으로 관리하나 전정을 하여 수형을 조절한다. 이식은 가지를 제거하고 줄기만 식재한다.

(1) 번식방법

① 실생 : 10월에 완숙된 장과를 채취, 종자를 선발하여 직파하거나 젖은 모래에 노천 매장 하였가 봄에 파종한다.

② 삽목 : 3~4월 숙지삽, 6~7월에 녹지삽을 실시하고 해가림을 설치한다.

(2) 병충해 방제

① 열매기생충 : 수프라사이드, 스미치온 등을 7~8월에 살포한다.

② 진딧물 : 메타시스톡스 1,000배액을 살포한다.

③ 응애 : 켈탄, prethylene 1,000배액 등을 5월에 살포한다.

3) 이용

조경수(공원, 정원 파고라), 열매는 식용 및 약용, 주조용으로 이용하고 줄기는 지팡이, 기구재로 쓰인다. 천연기념물 251호(창덕궁).

성분표(100g당)

	에너지		수분	단백질	지질	회분	탄수화물		
							당질		섬유
	(kcal)		(%)	(g)	(g)	(g)	(g)		(g)
다래	67		80.5	1.1	1.0	0.8	16.6		1.3
	칼슘	인	철	나트륨	칼륨	나이아신		폐기율	
	(mg)	(mg)	(mg)	(mg)	(mg)	(mg)		(%)	
	22	34	0.2	2	401	0.6		28	
비타민		A					B_1	B_2	C
		Retinol		레티놀	베타카로틴				
		Equivalent		(mg)	(mg)		(mg)	(mg)	(mg)
		0			0		0.09	0.04	37

8. 들쭉나무

1) 이름과 식물학적 특성

학 명	*Vaccinium uliginosum*
생약명	들쭉
과 명	진달래과
영 명	Bog bilberry, Moorberry
일본명	クロマメノキ(kuro-mamenoki)
유사종	홍월귤, 산매자나무, 넌출월귤, 애기월귤, 산앵도나무, 월귤, 모새나무, 정금나무
분 포	강원도 인제군, 한라산, 일본, 중국, 몽고, 러시아, 미국, 유럽
성숙시기	8~9월
열매 색	흑색

한라산과 강원도 이북에서 자라는 낙엽 소관목으로서 높이가 1m에 달하고 가지는 갈색이며 어린 가지에 잔털이 있거나 없다. 잎은 호생하고 난상 원형, 도란형 또는 타원형이며 둔두 또는 미요두이고 예저이며 길이 15~25mm, 너비 10~20mm로서 양면에 털이 없고 표면은 녹색이며 뒷면은 녹백색이고 가장자리가 밋밋하다. 꽃은 5~6월에 피며 길이 4mm로서 녹백색이고 묵은 가지 끝에 1~4개씩

달리며 독형(壺形)이다. 꽃받침은 5개로 갈라지고 꽃받침 잎은 3각형이며 꽃부리는 끝이 얕게 5개로 갈라지고 수술은 10개이며 수술대에 잔털이 있다. 열매는 구형 또는 타원형이고 지름 6~7mm로서 8~9월에 자흑색으로 익는데 흰 가루로 덮여 있고 달며 신맛이 있다. 열매로 술을 만든다. 열매가 지름 14mm로서 편구형인 것을 굵은 들쭉(for. *depressum*), 열매가 길이 13mm로서 장타원형인 것을 긴들쭉(for. *ellipticum*), 열매가 지름 6~7mm로서 원형인 것을 산들쭉(for. *alpinum*)이라고 한다.

2) 재배학적 특성

부식된 퇴비를 주위에 1~2cm 시비하여 산림용 복합비료는 측방 1~2cm 깊이에 시비한다. 우세 경쟁 수림 하에서는 생육하지 못하므로 내공해성에 약해 도심이나 공단에는 부적합하다. 충분한 공간이 확보되는 곳에 재식해야 하고 자연형으로 관리하지만 열매를 얻기 위해서는 전정으로 수형을 조절해야 한다. 정원에는 군식, 단식도 가능하다. 이식은 3~4월에 소경목으로 식재한다.

(1) 번식방법

① 실생 : 9월에 성숙한 장과에서 과육을 제거한 종자를 이끼 위에 직파하거나 젖은 모래에 노천 매장하였다가 봄에 이끼 위에 파종하고 수시로 관수한다.
② 삽목 : 6~7월에 녹지삽을 실시하고 해가림을 설치한다.

(2) 병충해 방제

① 햇볕무늬병, 입고병, 반점병, 탄저병 : 석회보르도액 4-4, 6-6, 8-8식, 동절기는 0.2~0.5% 액, 하절기는 다이센 M-45 500배액 등을 살포한다.
② 방패벌레, 깍지벌레 : 수프라사이드, 마라치온, DDVP 1,000배액 등을 살포한다.
③ 응애: 켈탄, prethylene 1,000배액 등을 4~5월에 살포한다.

3) 이용

조경수로 정원이나 공원에 식재한다. 과실은 맛이 달아서 식용하며 잼이나 파이 등을 만들고 음료 및 술도 담근다. 한방에서는 위염 장염에 이용하기도 한다.

9. 머루

1) 이름과 식물학적 특성

학 명	*Vitis coignetiae*	유사종	개머루, 포도, 까마귀머루, 새머루
생약명	산포도(山浦萄)	분 포	전국 분포, 일본
과 명	포도나무과	성숙시기	9월
영 명	Crimson glory vine	열매 색	흑색
일본명	ヤマブドウ(yama-budo)		

원산지는 한국으로 양수이며 낙엽활엽만경목이다. 잎은 호생(互生)으로 광도란형(廣倒卵形)이며 길이는 4~18cm, 너비는 3.5~18cm로 예첨두(銳尖頭), 심장저(心臟低)이고 밑부분이 3~5개로 얕게 갈라지거나 갈라지지 않는다. 가장자리는 치아상 거치(致牙上 鋸齒)가 있다. 잎 표면에는 털이 없으나 잎 뒷면에 적갈색 털이 있다. 가을에 붉게 단풍이 든다. 꽃은 자웅이주(雌雄移株)로 길이가 8~13cm

인 원추화서가 잎과 대생하고 백색털이 있으며 밑부분에 덩굴손이 있어 다른 물체에 부착한다. 꽃의 지름은 약 2mm이며 암꽃은 수술 5개가 퇴화되었고 수꽃은 암술이 퇴화되었으며 밀선(蜜腺)이 있다. 꽃받침은 접시 모양이고 털이 없다. 열매는 장과(漿果)로 구형(球形)이며 지름이 8~10mm로 송이로 달려 밑으로 쳐지며 9월에 흑색으로 익는다. 종자는 2~3개가 들어 있다. 줄기는 덩굴성이고 소지는 붉고 뚜렷하지 않은 능선이 있으며 어릴 때는 성모가 있고 수는 갈색이다. 화경 밑부분에서 덩굴손이 발달하며 오른쪽으로 감아 부착한다. 수피는 홍갈색으로 세로로 줄이 있고 수형은 부착성, 피복형으로 수고는 15m, 지름은 4~6cm이다.

2) 재배학적 특성

부식된 퇴비를 뿌리 주위에 2~3cm로 시비하고 모래에 1cm 복토, 산림용 고형복합비료를 측방 2~3cm 깊이에 시비한다. 토심이 깊고 적습한 비옥지에서 생육이 좋고 충분한 공간을 확보하고 덩굴이 부착할 시설이 있어야 한다. 결실을 위하여 수분수가 혼식되어야 하며 결실을 많이 하기 위해서는 강전정을 해야 한다. 이식은 가지를 전부 절단하고 줄기만 식재하며 열매는 포장 또는 비닐 등으로 비를 피하게 하면 병해를 예방할 수 있다.

(1) 번식방법

① 실생 : 9월에 장과를 채취하여 과육을 제거한 후 직파하거나 습한 모래에 노천 매장하였다가 다음해 봄에 파종한다.

② 삽목 : 3~4월에 숙지삽, 6~7월에 숙지삽을 실시하고 해가림을 설치한다.

(2) 병충해 방제

① 흑두병, 만부병, 끈적병, 우동병 : 휴면기에 PCP가용 석회 유황합제를 살포하고, 생육기에는 유기황제, 보르도액을 2~3회 살포한다.

② 포도하늘소, 좀벌레 등 : 저독성 유기인제, 수프라사이드, 스미치온 50배액 등을 피해구에 주입한다.

③ 응애 : 켈탄, prethylene 1,000배액 등을 5월에 살포한다.

3) 이용

열매는 식용, 포도주용 및 약용으로 쓰이고 조경수로 정원이나 공원에 쓰이며 종자는 착유용, 염료용, 줄기는 지팡이용으로 쓰인다.

성분표(100g당)

	에너지	수분	단백질	지질	회분	탄수화물	
						당질	섬유
	(kcal)	(%)	(g)	(g)	(g)	(g)	(g)
머루							
생것							
(재래종)	69	80.5	1.0	0.6	1.0	16.9	3.5
(개량종)	59	80.4	0.8	0.3	2.6	15.9	1.0
과육	44	86.4	0.6	0.1	1.4	11.5	0
과피	81	74.3	1.1	0.5	3.8	20.3	1.0
천연과즙	81	77.3	0.3	0.2	0.4	21.8	0.1

	칼슘	인	철	나트륨	칼륨	나이아신	폐기율
	(mg)	(mg)	(mg)	(mg)	(mg)	(mg)	(%)
	73	10	1.7			0.5	8
	5	38	0.4			1.0	14
	8	26	0.3				11
	1	50	0.5			1.0	16
	4	63	0.6			0.3	7

비타민	A			B_1	B_2	C
	Retinol	레티놀	베타카로틴			
	Equivalent	(mg)	(mg)	(mg)	(mg)	(mg)
	0	(0)	(0)	0.05	0.03	8
				0.09	0.03	14
				0.06	0.03	11
				0.12	0.03	16
				0.01	0.01	7

10. 벚나무

1) 이름과 식물학적 특성

학 명	*Prunus serrulata* var. *spontanea*	유사종	산벚나무, 올벚나무, 양벚나무
생약명	야앵화(野櫻花)	분 포	전국에 분포, 중국, 일본
과 명	장미과	성숙시기	6~7월
영 명	Japanese flowering cherry, Oriental charry	열매 색	자흑색
일본명	ヤマザクラ (yama-zakula)		

원산지는 한국, 중국, 일본이며 양수로 낙엽활엽교목이다. 2n=16. 잎은 호생(互生)하고 난형 단원상 도란형(卵形 短圓上 倒卵形) 또는 타원형이다. 잎은 길이 4~12cm, 너비 3~6cm로 급첨두, 원저

(圓底) 또는 광예저(廣銳底)이다. 가장자리는 잔거치 또는 복거치(複鋸齒)이고 잎 뒷면은 회녹색이다. 엽병(葉柄)의 길이는 2~3cm로 2~4개의 밀선(蜜腺)이 있고 잎의 양면에 털이 없다. 꽃은 양성화로 4월에 잎과 거의 동시에 피며 담홍색 또는 백색이고 산방화서 또는 산형화서로 3~5개씩 달린다. 소화경에는 털이 없고 화축에 포가 있으며 꽃받침 통은 털이 없고 열편은 난형, 예두로 5개이며 수평으로 벌어지고 통부는 원추형(圓錐形)으로 밑이 부풀어 있고 털이 없다. 꽃잎은 5개로 도란형 요두(凹頭)이며 수평으로 벌어진다. 꽃의 지름은 2~3cm로 수술은 다수이고 주두, 자방(子房)은 1개로 털이 없다. 핵과는 구형으로 지름 6~8mm이고 6~7월에 자흑색으로 숙성한다. 줄기는 직립하고 수피(樹皮)는 옆으로 벗겨지며 암자 갈색 소지(小枝)에 털이 없다. 수형은 원정형(圓整形)으로 수고는 10~25m, 지름은 60cm이다. 전국의 표고 1,560m 이하 산지 및 마을 부근에서 자생한다.

2) 재배학적 특성

부식된 퇴비는 뿌리 주위에 2~3cm 시비하고 사토 1cm 복토, 산림용 고형복합비료를 측방 2~3cm 깊이에 시비한다.

습기가 있고 토심이 깊은 비옥한 곳이 적지이며 충분한 공간이 있는 곳에 식재하고 이식력이 약하므로 소경목을 이식, 식재한다. 전정을 하지 않고 자연형으로 관리하며 단식 및 열식이 가능하다.

(1) 번식방법

① 실생 : 6~7월에 채취한 핵과의 육질을 제거하고 습한 모래에 노천 매장하여 이듬 해 봄에 파종한다.

② 삽목 : 7~8월에 녹지삽으로 50% 이상의 발근율을 얻기도 하며 해가림을 설치한다.

(2) 병충해 방제

① 탄저: 봄철의 발아 직전에 석회유황합제 5%액을 살포하고 장마가 끝난 후에 다이센 M-45 600배액이나 디포란탄수화제 800배액, 안트라콜 600배액을 8~9월까지 3~4회 정도 살포한다.

② 가지마름병 : 방제법으로는 6~9월 사이에 포리옥신수화제 또는 베노밀수화제를 수차례 살포한다.

③ 뿌리혹병 : 포지의 병든 묘목은 발견 즉시 뽑아 태운다. 혹병의 발생 적지는 객토를 하거나 생석회 3.75kg을 물 20ℓ에 타서 토양을 소독한다.

④ 미국흰불나방 : 유충가해기에 수프라사이드, 디프테렉스, 디프 50% 유제, 80% 수용제, 100% 등을 수차례 살포해 준다.

3) 이용

조경수(공원, 가로수, 풍치수)로 이용되며 목재는 가구재, 기구재로 쓰이고 열매는 식용, 수피는 약용한다.

성분표(100g당)

	에너지 (kcal)	수분 (%)	단백질 (g)	지질 (g)	회분 (g)	탄수화물 당질 (g)	탄수화물 섬유 (g)
벚나무							
(국내산)	60	82.9	1.2	0.3	0.6	15.0	0.2
(미국산)	66	81.1	1.2	0.1	0.5	17.1	
(일본산)	60	83.1	1.0	0.2	0.5	15.2	
(통조림)(버찌)	74	81.5	0.6	0.1	0.2	17.6	

칼슘 (mg)	인 (mg)	철 (mg)	나트륨 (mg)	칼륨 (mg)	나이아신 (mg)	폐기율 (%)
18	28	0.6	2	244	0.2	10
15	23	0.3	1	260	0.2	9
13	17	0.3	1	210	0.2	10
10	100	0.4	3	100	0.4	15

비타민	A Retinol Equivalent	레티놀 (mg)	베타카로틴 (mg)	B_1 (mg)	B_2 (mg)	C (mg)
	4	0	26	0.03	0.02	8
	4	(0)	23	0.03	0.03	9
	16	0	98	0.03	0.03	10
	7	(0)	41	0.01	0.01	7

11. 보리수나무

1) 이름과 식물학적 특성

학 명	*Elaeagnus umbellata*
생약명	목우내(木牛奶)
과 명	보리수나무과
영 명	Autumn elaeagnus
일본명	アキグミ(aki-gumi)
유사종	뜰보리수, 보리밥나무, 보리장나무, 큰보리장나무, 녹보리똥나무, 왕볼레나무
분 포	황해도, 강원도, 경기도, 충청북도, 경상남북도, 전라남북도, 제주, 일본
성숙시기	10월
열매 색	적색

원산지는 한국, 일본, 중국, 인도, 히말라야로 중용수이며 낙엽활엽관목이다. 2n=28. 잎은 호생이고 타원형 또는 도란상(倒卵狀) 피침형(披針形)으로 길이 3~8cm, 너비 1~2.5cm이며 둔두 또는 짧은 점첨두(漸尖頭)이고 원저(圓底) 또는 예저(銳底)이며 가장자리는 거치가 있다. 표면은 털이 곧 떨어지고 녹색이며 뒷면은 백색 인모(鱗毛)가 밀생(密生)하고 엽병(葉柄)은 길이 4~10mm이며 은백색이다.

측맥(側脈)은 5~7쌍이다. 꽃은 자웅동주(磁雄同株) 양성화(兩性花)로 5~6월에 엽액(葉腋)에 2~7개가 산형으로 달리고 백색에서 연환 황색으로 변하며 향이 있다. 화피통은 누두형(漏斗形)으로 길이가 5~7mm로 상부 4열편은 난상 삼각형이다. 수술은 4개로 화피통 밑에 착생하고 길이 4~6mm이다. 화주는 직립하고 백색 성상 유모(柔毛)가 있다. 화경은 길이 3~6mm이다. 향기가 있다. 열매는 핵과로 둥글고 지름 5~7mm로 은백색 인편으로 덮여 있고 10월에 홍색으로 익는다. 줄기는 직립 밑에서 여러 개의 줄기가 올라와 큰 둥치를 형성하며 수피는 회갈색 소지에는 가시가 있다. 어린 가지는 회백색, 은백색 또는 갈색의 인모가 밀생한다. 수형은 원형, 타원형이며 수고는 3~4m, 지름은 5~10cm이다. 황해도 이남 표고 1,200m 이하 산록 평원 수림에 자생한다. 변종으로 민보리수, 왕보리수, 긴보리수가 있다.

2) 재배학적 특성

부식된 퇴비를 뿌리 주위에 1~2cm 시비하고 산림용 고형복합비료를 측방 1~2cm 깊이에 시비한다.

뿌리에 질소 고정균이 있어 척박한 토양에서 자라며 토심이 깊고 배수가 잘되는 사질 양토에서 생육이 좋고 과습지 및 응달은 부적지이다. 자연형으로 관리하나 전정하는 수형을 조절할 수 있고 군식, 단식이 가능하다. 이식은 3~4월이 적기이고 배수가 잘되고 통기가 잘되게 한다.

(1) 번식방법

① 실생 : 10월에 완숙한 열매의 과육을 제거한 후 직파하거나 노천 매장하였다가 이듬해 봄에 파종한다.

② 삽목 : 3~4월에 숙지삽, 6~7월에 녹지삽을 실시하고 해가림을 설치한다.

③ 분주 : 옆가지를 휘묻이하여 발근되면 절단하여 이식한다.

(2) 병충해 방제

① 녹병, 갈반병, 반점병 : 석회보르도액, 다이센 M-45 500배액 등을 살포한다.

② 보리수나무이, 흰불나방 : 스미치온 1,000배액, 디피테렉스, 수프라사이드 등을 살포한다.

3) 이용

조경수는 정원이나 공원에 생울타리로 쓰이고 열매는 식용 잼 원료 주조용으로, 뿌리, 잎, 열매는 약용, 밀원으로 쓰인다.

12. 비파나무

1) 이름과 식물학적 특성

학 명	*Eriobotrya japonica*	유사종	제주도, 남해안 지방, 일본, 중국
생약명	비파엽(枇杷葉)	분 포	소백산, 속리산 이북, 중국, 시베리아
과 명	장미과	성숙시기	6월
영 명	Liquat, Japanese medlar	열매 색	황색
일본명	ビワ(biwa)		

원산지는 일본, 중국, 인도이며 양수로 상록활엽소교목이다. 2n=32, 34. 잎은 호생(互生)하고 타원상 장란형(長卵形), 피침형(披針形), 도피침형(倒披針形) 또는 도란형이다. 가장자리의 상부에 치아상 거치(齒牙狀)가 있으며 첨두, 예저로 길이는 12~30cm, 너비 3~9cm이다. 잎자루는 1cm 정도로 포에는 털이 없고 빛이 난다. 연한 갈색이 밀모하며 엽맥(葉脈)은 11~21쌍, 엽병의 길이는 6~10mm

이다. 꽃은 10~11월에 흰색으로 피고 원추화서로 가지 끝에 달리며 연한 갈색 털이 빽빽이 난다. 꽃의 지름은 1.2~2cm로 화주(花柱)는 5개이며 이생하고 꽃받침 조각과 꽃잎은 각각 5개씩으로 향기가 있다. 열매는 이과(梨科)로 타원형 또는 구형이고 지름은 2~5cm이며 다음해 5~6월에 노란색으로 익는다. 열매 표면에는 면모가 있고 종자는 2~5개로 크게 박피(剝皮)되면 등황색 무늬가 있다. 수형은 원형으로 수고는 10cm, 직경은 20~40cm이다. 제주도 및 남부지방 표고 200m 이하의 인가 부근에서 재식되고 있다. 재배 품종은 과실의 육질색으로 등홍계, 등황계, 백육계로 나눈다.

2) 재배학적 특성

부식된 퇴비를 뿌리 주위에 2~3cm 시비하고 사토 1cm 복토, 산림용 고형복합비료를 측방 1~2cm 깊이에 시비한다.

관수로 재배 할 시에는 우량품종을 선택하여 식재하며 내한성이 약하므로 햇빛을 잘 받는 지역으로 토심이 깊고 비옥한 양토에 식재한다. 조경수로는 광주, 대구에서도 재식이 가능하지만 1m 이상의 대묘를 식재하고 겨울에는 방한 시설을 한다. 산성토보다 알칼리성(석회암)에서 생육이 좋다. 대파계(전중, 서수)는 적과(摘果)한다.

(1) 번식방법

① 파종 : 종자는 휴면성이 없으므로 직파하면 바로 발아한다.

② 삽목 : 6~7월에 녹지삽을 실시하고 해가림을 설치한다.

③ 접목 : 우량 품종의 실생 묘목을 대목으로 4월에 절접(切接)하고 해가림을 설치한다.

(2) 병충해 방제

① 응애 : 켈탄, prethylene 1,000배액 등을 4~5월에 살포하며, 7월 이후에는 물리적으로 구제한다.

② 갈색무늬병 : 다이센 M-45 500배액을 살포한다.

③ 굴곰깍지벌레, 먹무늬재주나방 : 수프라사이드, 디프테렉스 1,000배액 등을 살포한다.

3) 이용

조경수로 정원 및 공원에 식재하고 차폐수, 방풍, 방음, 방화수로 이용되고 잎은 약용하며 열매는 식용, 과실주, 목재는 목도(木刀), 지팡이 등으로 쓰인다.

성분표(100g당)

	에너지 (kcal)	수분 (%)	단백질 (g)	지질 (g)	회분 (g)	탄수화물 당질 (g)	탄수화물 섬유 (g)
비파나무							
(생것)	44	88.1	0.4	1.0	0.4	10.1	0.5
(통조림)	81	79.6	0.3	0.1	0.2	19.8	

	칼슘 (mg)	인 (mg)	철 (mg)	나트륨 (mg)	칼륨 (mg)	나이아신 (mg)	폐기율 (%)
	4	18	1.4	(1)	119	0.2	(33)
	22	3	0.1	2	60	0.2	2

비타민	A Retinol Equivalent	레티놀 (mg)	베타카로틴 (mg)	B_1 (mg)	B_2 (mg)	C (mg)
	(67)	(0)	(400)	0.09	0.06	15
	79	(0)	470	0.01	0.01	Ø

13. 뽕나무

1) 이름과 식물학적 특성

학 명	*Morus alba*	유사종	돌뽕나무, 몽고뽕나무, 산뽕나무
생약명	상백피(桑白皮)	분 포	전국, 중국
과 명	뽕나무과	성숙시기	6월
영 명	White mulberry	열매 색	흑색
일본명	トウグワ(to-guwa)		

원산지는 한국, 중국이고 양수이며 낙엽활엽소교목 또는 교목이다. 2n=28, 42. 잎은 호생(互生)하고 난형 또는 타원형이며 3~5개로 갈라지는데 끝이 뾰족하고 밑이 심장저(心臟底)이며 가장자리가 둔거치(鈍鉅齒)가 있다. 길이는 5~10(20cm), 너비는 4~8cm이다. 표면은 거칠거나 평활(平滑)하

며 뒷면 맥 위에 잔털이 있다. 엽병(葉柄)의 길이는 1~2.5cm로 잔털이 있다. 꽃은 자웅동주(磁雄同株) 또는 자웅이주(雌雄異株)로 단성화(單惺花)이다. 수꽃은 화피편(花被片) 4개, 수술은 4개이고 중앙에 암술이 미약하며 수상화서가 길이 1~2.5cm로 새 가지 밑에서 액생(腋生)하고 밑으로 쳐진다. 암꽃은 길이 5~10mm로 화주(花柱)는 짧고 주두는 2mm로서 2열하며 익은 후에는 거의 보이지 않고 4~5월 황록색의 이삭 모양으로 피며 꽃부리는 없다. 열매는 취과(取果) 원형 또는 타원형이고 길이는 1~2.5cm이며 5~6월에 점차 익으면 검붉은색을 띠는데 이것을 '오디'라 한다. 줄기는 직립으로 큰 가지가 발달하며 수피(樹皮)는 회갈색이고 소지(小枝)는 회갈색 또는 회백색이며 잔털이 있지만 점차 없어진다. 수형은 원정형(圓整形), 수고는 8~15m, 직경은 60cm이다.

2) 재배학적 특성

부식된 퇴비를 지표면에 1~3cm 시비하고 사토 1cm를 복토, 산림용 고형복합비료를 측방 4~5cm에 시비한다.

산록 계곡 공한지의 비옥지가 적지이고 적설량이 많은 지역은 부적지이다. 전정을 하여 수형을 조절할 수 있는데 큰 가지의 절단부는 방부제(톱신엠파스타)를 발라준다. 소경목으로 이식, 식재한다. 군식 및 단식이 가능하고 충분한 햇빛을 받도록 양지에 심는다.

(1) 번식방법

① 실생 : 6월에 오디를 채취하여 수선한 후 직파하고 해가림을 1개월간 설치한다. 얇게 복토하고 습기를 유지하기 위해 관수한다.

② 접목 : 우량품종을 양성할 대 절접, 아근접, 대접을 한다.

③ 삽목 : 6~7월에 녹지삽을 실시하고 해가림을 설치한다. 삽수의 길이를 20~30cm로 하여 초봄에 휴면지에 꽂는다.

(2) 병충해 방제

① 잎벌레, 흰불나방, 어스렝이나방, 방패벌레 : 수프라사이드, 디프테렉스 1,000배액 등을 살포한다.

② 흰가루병, 위축병 : 다이센 M-45 500배액, 톱신수화제, 4-4식 보르도액 등을 살포한다.

③ 동고병 : 적설이 있는 지역은 방한 시설을 해준다.

④ 기타 : 상처부위는 버섯균이 침입하므로 즉시 살균제(톱신파스타)를 도포하며 버섯균사는 확산 부위를 제거하고 4-5식 보르도액, 다이센 M-45 500 배액, 포말린 등을 피해부에 살포한다.

3) 이용

목재는 기구재, 가구재, 악기재, 조각재로 이용하고 수피는 약용 및 제지용, 열매는 약용, 식용, 양조용, 근피 약용으로 사용하며 잎은 누에 사료(양잠)로 쓰인다. 처진뽕나무, 몽고뽕나무, 왕뽕나무, 돌뽕나무 등이 있고 누에 사료용으로 육종된 품종으로 수원상 4호, 수원대상 등이 있다. 전국 표고 1,100m 이하 산록에 자생하여 인가 부근에 재식되고 있고 생육 속도가 빨라서 녹음수로 이용이 가능하다.

성분표(100g당)

	에너지 (kcal)	수분 (%)	단백질 (g)	지질 (g)	회분 (g)	탄수화물 당질 (g)	탄수화물 섬유 (g)
뽕나무 생것							
흑과							
(재래종)	50	84.2	2.6	0.3	0.9	12.0	2.7
(개량종)	46	87.2	1.6	0.2	0.7	10.3	0.9
백과	48	85.7	2.1	0.3	0.8	11.2	1.8

	칼슘 (mg)	인 (mg)	철 (mg)	나트륨 (mg)	칼륨 (mg)	나이아신 (mg)	폐기율 (%)
(재래종)	45	45	2.3	16	284	0.6	0
(개량종)	61	31	2.0	17	203	0.3	0
백과	53	38	2.2	17	244	0.5	0

비타민	A Retinol Equivalent	레티놀 (mg)	베타카로틴 (mg)	B1 (mg)	B2 (mg)	C (mg)
(재래종)	8	0	50	1.47	0.07	5
(개량종)	9	0	55	1.30	0.11	4
백과	0		0	1.40	0.09	52

14. 산당화(명자꽃)

1) 이름과 식물학적 특성

- 학 명 *Chaenomeles speciosa*
- 생약명 노자(擄子)
- 과 명 장미과
- 영 명 Japanese quince
- 일본명 ボケ(boke)

- 유사종 풀명자
- 분 포 경상도와 황해도 이남, 중국
- 성숙시기 9월
- 열매 색 황색

원산지는 중국이며 중용수로 낙엽활엽관목이다. 잎은 호생(互生)하며 타원형 또는 장타원형(長橢圓形)이고 예두(銳頭)이며 예저(銳底)이다. 잎의 길이는 4~8cm, 너비는 1.5~5cm로 가장자리에 잔거치가 있고 엽병(葉柄)은 약 1cm이다. 탁엽(托葉)은 크고 난형 또는 반원형으로 중거치(鋸齒)가 있고 일찍 떨어진다. 꽃은 자웅동주(磁雄同株) 단성화(單惺花)로 지름은 2.5cm~3cm 전년의 단지(短枝)에

3~5개가 달린다. 수꽃의 자방(子房)은 여위고 암꽃의 자방은 살이 찌며 크게 자라고 소화경(小花莖)이 짧다. 꽃은 4월에서 5월까지 계속 피고 꽃받침은 짧으며 종형 또는 통형이고 5개로 갈라진다. 열편(裂片)은 원두이고 꽃잎은 5개로 원형, 도란형 또는 타원형이며 밑부분이 뾰족하고 백색, 분홍색, 빨강색의 3가지 색이 조화를 이룬다. 수술은 30~50개로 수술대는 털이 없으며 화주는 5개이고 밑부분이 합생하며 털이 없다. 열매는 구형 또는 난형으로 모과를 닮았으며 길이 10cm 정도이고 지름은 3~5cm로 가을에 누렇게 익으면 속은 5실이고 각 실에 종자 여러 개가 들어 있다. 신맛이 나는 향기가 있다. 줄기는 밑에서부터 가지가 많이 나와 비스듬히 서며 수피는 암적색이고 소지에 가시가 있다. 어린 가지에는 탁엽(托葉)이 있으나 일찍 떨어진다. 수형은 피복원정형(被覆圓整形)으로 수고 1~2m, 지름은 3~5cm이다. 중부이남 표고 500m 이하 산록(山麓), 마을 부근에 재식되고 있다. 풀명자나무는 둔거치가 있고 잎 끝이 둔두 또는 예두이며 줄기가 지면 가까이 눕는다. 변종으로 당명자(백색꽃), 운용명자(가지가 만곡)가 있고 많은 원예 품종이 있다.

2) 재배학적 특성

부식된 퇴비를 뿌리 주위에 1~2cm 시비하며 산림용 고형복합비료를 측방 1~2cm 깊이에 시비한다. 해가 잘 드는 양지 바른 곳을 좋아하며 건조한 곳에서는 생육이 좋지 않고 토질이 배수가 잘되면서도 보수력이 있는 사질 양토가 좋다. 지하수가 높은 곳은 겨울에 뿌리가 얼기 쉽다. 관수에 주의하여 흙이 마르지 않도록 할 것과 여름에는 직사광선을 피하고 반그늘에서 관리한다. 황해도 이남이면 정원수로 심을 만큼 내한성이 강하다. 향나무류가 식재된 곳은 적성병의 위험이 있으므로 피한다. 자연형으로 관리하고 전정하여 수형을 조절할 수 있다.

(1) 번식방법

① 실생 : 8~9월에 채취한 과실에서 종자를 선발하여 직파하거나 습한 모래에 노천매장 하였다가 다음해에 파종한다.

② 삽목 : 3~4월에 숙지삽, 6~7월에 녹지삽을 실시하고 해가림을 설치한다.

(2) 병충해 방제

① 적성병: 예방으로는 3월 하순부터 10일 간격으로 두 번씩 근처에 있는 향나무 나 측백나무에 석회유황합제를 뿌려 전염을 막으며 발생 시는 보르도액을 뿌려 전염을 막으며 병든 잎은 따서 태운다.

② 깍지벌레, 나방류 : 디프테렉스, 수프라사이드, 스미치온 등을 살포한다.

③ 진딧물 : 메타시스톡스 1,000배액을 살포한다.

④ 응애 : 켈탄, prethylene 1,000배액 등을 5~6월에 살포한다.

3) 이용

조경수로 쓰이며 과실은 약용으로 쓰인다.

15. 산사나무

1) 이름과 식물학적 특성

학 명	*Crataegus pinnatifida*	유사종	아광나무, 이노리나무
생약명	산사(山楂)	분 포	강원도, 경기도 북부 및 경상북도까지 분포하지만 주로 경기도에서 확인, 제주도에도 확인, 일본, 중국, 극동러시아
과 명	장미과	성숙시기	9~10월
영 명	Large chinese hawthorn	열매 색	적색
일본명	ンザシ(o-sanzashi)		

원산지는 한국, 중국이며 중용수로 낙엽활엽소교목이다. 잎은 호생(互生)하고 광란형(廣卵形), 삼각상난형(卵形) 또는 능상(菱狀) 난형이고 예저(銳底) 또는 광예저(廣銳底)이다. 잎의 길이는 5~10cm, 너비는 4~7.5cm로 3~5개씩 우상으로 깊게 갈라지며 밑부분의 열편(裂片)은 흔히 중륵까지 갈라지고 양면의 중륵(中肋)과 측맥에 털이 있다. 표면은 짙은 녹색으로 빛이 나며 가장자리에 뾰

족하고 불규칙한 거치(鋸齒)가 있다. 엽병(葉柄)의 길이는 2~6cm이고 탁엽에는 거치가 있다. 꽃은 양성화(兩性花)로 5월에 피고 백색이며 산방화서로 달리며 화서의 지름은 5~8cm로 털이 있다. 꽃의 지름은 1.5cm으로 꽃잎은 둥글고 꽃받침과 더불어 각각 5개이다. 수술은 20개이며 꽃밥은 홍색이다. 열매는 이과로 둥글며 지름은 1~1.5cm로 짙은 홍색으로 익고 백색 반점이 있다. 1과에 3~4개의 종자가 들어 있다. 줄기는 직립하고 큰 가지가 발달하며 뿌리 근처에서 맹아가 자라 군집을 이루고 수피(樹皮)는 회색이며 작은 가지는 자갈색 예리한 가시가 있거나 없다. 수형은 원정형(圓整形)을 수고는 6m, 직경은 10cm이다. 전국(난대 제외)의 표고 1,250m 이하 산록 계곡 및 마을 부근에 자생한다. 좁은잎산사, 넓은잎산사, 가새잎산사, 털산사, 자작불산사의 변종이 있다.

2) 재배학적 특성

부식된 퇴비는 뿌리 주위에 2~3cm 시비하고 사토 1cm 복토, 산림용 고형복합비료를 측방 2~3cm 깊이로 시비한다.

토심이 깊고 비옥한 토양으로 양지에 식재하며 공간이 충분히 확보되게 하고 자연형으로 관리한다.

(1) 번식방법

① 실생 : 열매가 낙과하기 전 채집하여 과육을 씻어낸 후 종자를 직파하거나 습기가 있는 모래와 노천매장 하였다가 다음 해 봄에 파종 또는 종자를 따서 과피를 제거한 후 온도가 22~27도인 곳에 3~4주간 온적(溫積) 하였다가 3개월간 4~5도인 곳에 습적한 후 파종 발아촉진처리를 하지 않은 것은 파종 후 2년 째 봄에 발아시킨다.

② 삽목 : 3~4월에 숙지삽 , 6~7월에 녹지삽을 실시하고 해가림을 설치한다.

③ 종자 : 순량률 91%, 실중 51.54, 리터당 14,916립, 발아율 32%

(2) 병충해 방제

① 적성병, 녹병 : 보르도액, 만네브제, 바리톤 등을 살포한다.

② 나방류 : 디프테렉스, 수프라사이드 1,000배액 등을 살포한다.

③ 진딧물 : 메타시스톡스 1,000배액을 살포한다.

④ 응애 : 켈탄, prethylene 1,000배액 등을 5월에 살포한다.

3) 이용

조경수로 정원, 공원에 이용되고 열매는 약용하며 사과 대목, 과일주 등으로 쓰인다.

16. 산딸기

1) 이름과 식물학적 특성

학 명 *Rubus crataegifolius*
생약명 우질두(牛迭肚)
과 명 장미과
영 명 Hawthornleaf raspberry
일본명 クマイケゴ(kuma-ichigo)

유사종 곰딸기, 장딸기, 줄딸기, 섬딸기, 겨울딸기, 수리딸기, 맥도딸기, 거지딸기, 멍석딸기, 멍덕딸기, 함경딸기, 복분자딸기, 가시복분자딸기, 단풍딸기, 오엽딸기, 가시딸기, 검은딸기
분 포 우리나라 전국, 중국, 일본, 극동러시아
성숙시기 6~8월
열매 색 적색

원산지는 한국, 중국, 일본이며 양수로 낙엽활엽관목이다. 잎은 호생(互生)하며 난형 또는 거의 원형이고 장상으로 3~5개로 갈라진다. 잎의 길이는 4~10cm, 너비는 3~8cm이다. 각 열편의 가장자리에 복거치가 있다. 둔두(鈍頭), 심장저(心臟底) 또는 예저(銳底)이다. 잎 뒷면 털이 있거나 털이 없거나 가시가 나는 경우도 있다. 잎자루에는 밑을 향한 가시가 있으며 길이는 2~4.5cm이다. 꽃은 자웅동주 양성화로 5~6월에 새로 나온 가지 끝에 산방화서로 2~6개씩 흰색으로 모여 핀다. 꽃받침과 꽃잎은 각각 5개씩이다. 꽃자루는 5~10mm이며 털이 있고 꽃의 직경은 1~1.5cm로 수술 및 암술은 다수이다. 열매는 취과(取果)로 구형이며 직경은 1cm 정도의 홍색으로 7~8월에 익고 꽃받침 잎이 숙존(宿存)한다. 줄기는 여러 개로 갈라지고 가지는 홍갈색이며 구릉이 있고 밑으로 구부러진 가시가 있다. 수형(樹形)은 피복형으로 수고는 2~3m, 직경은 1~1.5cm이다. 전국 표고 1,600m 이하 산복(山腹) 및 산록(山麓)의 노출된 개방지에 자생한다. 변종으로 긴잎산딸기(잎 결각이 장타원상)가 있다.

2) 재배학적 특성

부식된 퇴비는 뿌리 주위에 1~2cm 시비하며 산림용 고형복합비료를 측방 1~2cm 깊이로 시비한다.

산록, 밭, 둑 등의 양지에서 생육 및 착과가 잘되며 수림하의 음지는 생육이 불가능하고 자연형으로 관리하나 묶은 가지는 전정하면 결실이 좋다. 군식 및 단식이 가능하며 이식은 2~3월경에 가지는 전지하고 줄기로만 얕게 식재한다.

(1) 번식방법

① 실생 : 잘 익은 취과를 채취하여 과육을 제거, 적습한 토양에 직파하고 해가림을 설치한다.

② 삽목 : 3월에 줄기 또는 뿌리를 삽목, 6~7월에 녹지삽을 실시하고 해가림을 설치한다.

(2) 병충해 방제

① 진딧물: 메타시스톡스 1,000배액을 살포한다.

② 응애: 켈탄 1,000배액, prethylene 1,000배액 등을 5월에 살포하고, 7월 이후에는 물리적으로 제거한다.

3) 이용

과실은 식용, 약용, 술, 제조, 수피는 제지, 섬유 등으로 쓰인다.

성분표(100g당)

	에너지		수분	단백질	지질	회분	탄수화물	
							당질	섬유
	(kcal)		(%)	(g)	(g)	(g)	(g)	(g)
산딸기	22		91.2	1.3	0.4	0.4	6.7	2.7
	칼슘	인	철	나트륨	칼륨	나이아신	폐기율	
	(mg)	(mg)	(mg)	(mg)	(mg)	(mg)	(%)	
	21	31	0.6	2	130	0.4	0	

비타민	A			B_1	B_2	C
	Retinol Equivalent	레티놀	베타카로틴			
		(mg)	(mg)	(mg)	(mg)	(mg)
	17	0	101	0.02	0.03	28

17. 산딸나무

1) 이름과 식물학적 특성

학 명	*Cornus kousa*	유사종	산수유
생약명	야여지(野荔枝)	분 포	경기도 및 충청남・북도이남, 일본
과 명	층층나무과	성숙시기	10월
영 명	Kousa, Strawberry tree	열매 색	적색
일본명	やま(山)ぼうし(yama-bosh)		

원산지는 한국, 일본으로 중용수이며 낙엽활엽교목이다. 2n=22. 잎은 대생하며 낙상 타원형 또는 난형, 원형이고 점첨두(漸尖頭), 예저(銳底)이며 길이 5~12cm, 너비 3.5~7cm, 표면은 녹색이고 잔복모(伏毛)가 있으며 뒷면은 회녹색 복모(伏毛)가 밀생하고 가장자리가 밋밋하거나 파상(波狀)의 거치(鋸齒)가 약간 있으며 맥액(脈腋)에 황갈색 밀모가 있고 측맥(側脈)은 4~5쌍으로 만곡한다. 엽병(葉

柄)은 길이 5~7cm로 털이 없다. 꽃은 자웅동주(磁雄同株) 양성화(兩性花)로 전년지의 끝에 두상으로 달리고 화경은 길이 5~10cm로 처음으로 복모가 약간 있고 6월에 백색으로 핀다. 총포편(總苞片)은 4개로 사방으로 퍼지고 좁은 난형, 예첨두(銳尖頭), 예저(銳底)로 길이 3~9cm, 너비 2~3cm이고 백색으로 꽃잎 같아 보인다. 중심에 20~30개의 소화가 두상으로 모여 달리고 소화경(小花莖)이 없다. 꽃받침은 통상으로 4열, 꽃잎 4개로 황색이며 수술은 4개로 꽃잎보다 길고 자방은 하위 2실로 서로 합착하고 있다. 열매는 취과(取果)로 둥글며 지름은 1.5~2.5cm이고 10월에 적색으로 익는다. 종자는 타원형으로 길이는 4~6mm이고 종자를 둘러싸고 있는 화탁(花托)은 육질로 달며 먹을 수 있다. 줄기는 직립하고 수피는 인편상(鱗片狀)으로 벗겨져 평활(平滑)하고 자갈색이다. 가지는 수평으로 자라고 적갈색이며 둥근 피목이 있다. 수형(樹形)은 평정형(平整形)이며 수고는 10~15m, 지름은 50cm이다. 중부이남 표고 300~1,800m, 산록, 곡간, 수림 속에 자생하고 유사종으로 미국산딸나무(Flowering degwood), 물산딸나무(소관목, 잎은 4윤생)가 있다.

2) 재배학적 특성

부식된 퇴비를 뿌리 주위에 2-3cm 시비하고 모래에 1cm 복토하고 산림용 고형복합비료를 측방 2~3cm 깊이에 시비한다.

고온, 건조, 척박지는 부적지이며 토심이 깊고 적습한 비옥지에서 생육이 좋다. 자연형으로 관리하며 어릴 때는 약간 그늘지게 하고 성목은 햇빛을 잘 받게 한다. 군식, 단식, 혼식이 가능하며 이식은 소경목으로 3월 하순~4월 상순에 하고 건조하지 않게 관리한다.

(1) 번식방법

① 실생 : 완숙된 집합과를 채취하여 과육을 제거한 종자를 직파하거나 습한 모래에 노천 매장하였다가 봄에 파종한다.

② 삽목 : 3~4월에 휴면지삽, 6~7월에 녹지삽을 실시하고 해가림을 설치한다.

③ 종자 : 순량률 96%, 실중 51.11g, 리터당 12,638립, 발아율 52%

(2) 병충해 방제

① 녹병 : 병에 걸린 낙엽을 긁어 모아 태우고 4월 중순~5월 하순경의 발아 직전에 석 회유황합제 5%액을 수관에 철저히 살포한다. 매년마다 심한 과원은 장마가 끝난 후에 다이센 M-45 600배액 또는 디포라탄 800배액을 10~15일 간격으로 3회 이상 살포하여 예방한다.

② 흰불나방, 왕무늬풍뎅이 : 디프테렉스 1,000배액, 세빈 500배액 등을 살포한다.

3) 이용

조경수는 정원이나 공원, 가로수로 쓰이고 과실은 생식한다. 양조용, 목재, 기구재, 조각재 등으로 쓰인다. 기독교에서는 성스러운 나무로 취급한다. 딸기 모양의 취과이기에 이름이 불리어진다.

18. 소귀나무

1) 이름과 식물학적 특성

학 명 *Myrica rubra*
생약명 양매(楊梅)
과 명 소귀나무과
영 명 Chinese waxmyrtle, Chinese bayberry
일본명 ヤマモモ(yama-momo)

분 포 한라산, 일본, 중국, 대만, 필리핀
성숙시기 6~7월
열매 색 흑적색

원산지는 한국, 중국, 일본(아열대), 인도, 말레이시아, 필리핀으로 양수이며 상록활엽교목이다. 2n=16. 잎은 호생(互生)으로 혁질(革質)이고 도피침형(倒披針形) 또는 장타원형, 원두(圓頭) 또는 예두(銳頭), 설저(楔底)이다. 잎의 가장자리에는 거치(鋸齒)가 없으나 상반부에는 거치(鋸齒)가 있다. 잎의 길이는 8~12cm, 너비는 1~3.5cm로 앞면에는 광택이 있으며 엽병(葉柄)은 길이가 2~10mm이다. 꽃은 자웅이주(雌雄異株) 단성화(單性花)이고 4월에 핀다. 수꽃은 수상화서로 단생 또는 여러 개가 속생(束生)한다. 수꽃의 길이는 1~3cm, 지름은 3~4mm로 복와상(覆瓦狀)이며 포현이 밀접(密接)하고 각각의 포편에 1개의 수꽃이 있으며 2~4개의 소포 면에는 4~5개의 꽃밥이 있다. 암꽃은 화서에 1개가 액생(腋生)하며 길이는 5~15cm로 복와상(覆瓦狀)이며 표편이 밀생(密生)하고 각각의 표면에 암꽃 1개, 4개의 소포편이 있다. 자방(子房)은 난형이며 1개의 짧은 화주와 2개의 긴 화주가 있다. 열매는 핵과로 구형이며 지름은 10~15mm이고 누두상 돌기가 있으며 심홍색 또는 자홍색으로 6~7월에 성숙하고 백분이 있다. 줄기는 직립하며 가지는 많이 발생하고 수피는 회색으로 오랫동안 갈라지지 않는다.

잔가지에는 작은 피목과 털이 많이 발생하고 수피는 얕게 세로로 갈라지는 특징이 있다. 수형(樹形)은 원형으로 수고는 15m, 직경은 1m이다. 잎의 밀도가 높아 질감이 좋고 우산 같은 나무의 모양과 여름에 익는 새빨간 열매는 탐스러워 난대 지방의 가로수나 공원수로 매우 좋은 나무이다. 제주도 해발 300m 이하의 계곡에서 만 자생한다. 개소귀나무(관목, 마취성 향기), 미국소귀나무(과실은 회백색, 납질 백문)가 있다.

2) 재배학적 특성

부식된 퇴비 및 낙엽을 지표면에 1~3cm 시비하고 사토 1cm 복토, 산림용 고형복합비료를 측방 3~5cm 깊이로 시비한다.

아열대(난대)지역에서만 식재할 수 있고 건조, 척박지는 피하고 충분한 공간을 확보하여 햇빛을 잘 받게 한다. 토심이 깊고 적습한 비옥지에서 생육이 좋다. 수고 60cm 이상을 식재하고 유령목은 방한시설을 한다. 맹아력은 중간 정도로 약전정으로 묵은 가지 솎아내기를 한다. 이식은 가지를 솎아내어 식재하고 충분한 관수를 하며 피소(皮燒) 피해를 막아준다.

(1) 번식방법

① 실생 : 6~7월에 채취하여 바로 과피를 제거한 후 직파하고 해가림을 설치하여 겨울에는 방한시설을 설치한다. 2년째 발아한다.

② 삽목 : 6~8월에 당년지 녹지삽을 실시하고 해가림을 설치해 준다.

(2) 병충해 방제

① 잎마리나방, 왕풀자나방 : 세빈수화제 또는 디프수용제를 살포한다.

② 응애 : 켈탄, prethylene 1,000배액 등을 4~5월에 살포한다.

③ 깍지벌레류 : 수프라사이드, 디프테렉스 1,000배액 등을 살포한다.

3) 이용

조경수(정원 • 공원), 방화수, 방풍림으로 이용되고 수피는 타닌이 함유되어 염색재료로 쓰이고 외과피는 식용, 근피는 약용, 종자는 착유용으로 쓰인다.

성분표(100g당)

	에너지		수분	단백질	지질	회분	탄수화물	
							당질	섬유
	(kcal)		(%)	(g)	(g)	(g)	(g)	(g)
소귀나무	25		93.7	0.8	0.6	0.3	4.6	0.4
	칼슘	인	철	나트륨	칼륨	나이아신	폐기율	
	(mg)	(mg)	(mg)	(mg)	(mg)	(mg)	(%)	
	3	58	0.9	23	47	0.4	0	

비타민	A			B_1	B_2	C
	Retinol	레티놀	베타카로틴			
	Equivalent	(mg)	(mg)	(mg)	(mg)	(mg)
	2	0	10	0.13	0.26	7

19. 아그배나무

1) 이름과 식물학적 특성

학 명	*Malus sieboldii*	유사종	사과, 능금, 제주아그배, 야광나무
생약명	해홍(海紅)	분 포	황해도 이남에 분포, 중국, 일본 전역
과 명	장미과	성숙시기	10월
영 명	Toringo Crab	열매 색	적색
일본명	ズミ(zumi)		

원산지는 한국, 중국, 일본이며 양수로 낙엽활엽소교목이다. 2n=34. 잎은 호생(互生)하며 난형 또는 광란형이다. 잎의 길이는 5~8cm, 너비는 4~6cm로 원저(圓底) 또는 절저이고 첨예거치(尖銳鋸齒)이며 보통 2천열하고 드물게 5천열(淺裂) 하는 것도 있다. 잎의 양면에는 처음에 털이 있다가 나중에는 없어지고 잎 뒷면 엽액(葉腋)에 털이 남아 있다. 잎은 소지(小枝) 끝에 모여 착생(着生)한다. 꽃은 자웅동주(雌雄同株) 양성화(兩性花)로 5월 중순에 단지에 소화가 4~8개씩 산형화서로 달린다. 소

화경(小花莖)의 길이는 2~2.5cm로 유모 또는 털이 없다. 꽃잎은 길이가 17~18mm이고 밑부분이 짧게 뾰족하며 연한 홍색이지만 점차 백색으로 된다. 꽃받침 통은 길이가 4mm로 털이 약간 있고 열편은 긴 피침형으로 길이가 6mm이며 양면에 털이 있다. 수술은 20개로 길이는 6~7mm이고 꽃밥은 황색이다. 화주(花柱)는 3~4개이고 길이는 10mm로 기부에 백색 유모(柔毛)가 밀생한다. 열매는 이과(梨果)로 구형이며 지름은 6~8mm로 홍색 또는 황홍색으로 10월에 익는다. 종자는 타원형으로 지름은 1~4mm이다. 악열편(萼裂片)이 탈락되었다. 줄기는 직립형으로 가지는 옆으로 많이 나고 거칠고 통통하다. 어린 가지는 털이 있고 2년 가지는 갈색 또는 담갈색이다. 중부 이남 표고 1,800m 이하 산록(山麓)에 자생한다.

2) 재배학적 특성

부식된 퇴비를 뿌리 주위에 2~3cm 시비하고 모래 1cm 복토, 산림용 고형복합비료를 측방 2~3cm 깊이에 시비한다.

습기가 많고 중성인 토양에서 생육이 좋고 그늘에서 약하므로 충분한 공간이 있는 양지에서 재식한다. 개화 결실을 위하여 전정을 하며 묵은 가지 및 도장지도 전정한다. 향나무가 많은 곳은 적성병의 위험이 있으므로 식재는 삼간다.

(1) 번식방법

① 실생 : 성숙한 이과에서 종자를 채집하는 대로 직파하거나 습한 모래에 노천 매장하였다가 이듬해 봄에 파종한다.
② 삽목 : 3~4월에 숙지삽, 6~7월에 숙지삽을 실시하고 해가림을 설치한다.
③ 분주 : 기부에서 발생한 줄기는 분리하여 식재한다.

(2) 병해충방제

① 적성병 : 예방으로는 3월 하순부터 10일 간격으로 두 번씩 근처에 있는 향나무나 측백나무에 석회유황화제를 뿌려 전염을 막으며 발병 시는 보르도액을 뿌려 전염을 막으며 병든 잎은 따서 태운다.
② 깍지벌레, 나방류 : 디프테렉스, 수프라사이드, 스미치온 등을 살포한다.
③ 응애 : 켈탄, prethylene 1,000배액 등을 5~6월에 살포한다.

3) 이용

조경수로 정원이나 공원에 쓰이고 분재, 사과나무의 대목으로 이용되며 목재는 기구재로 쓰인다.

20. 오미자

1) 이름과 식물학적 특성

학 명	*Schisandra chinensis*	유사종	남오미자, 흑오미자
생약명	오미자(五味子)	분 포	함경북도 백두대간~경상북도, 전라남도까지 분포
과 명	오미자과	성숙시기	8~9월
영 명	Chinese magnolia vine	열매 색	적색
일본명	ビナンカズラ(chosen-gomishi)		

원산지는 한국, 중국, 일본이며 음수로 낙엽활엽만경목이다. 잎은 호생하며 광타원형, 도란형 또는 난형이고 길이는 5~10cm, 너비 2~5cm로 예첨두, 점첨두, 예저이며 가장자리에 작은 치아상의 거치가 있다. 잎은 종이질 또는 막질로 이루어져 있으며 윗면에는 광택이 있고 털이 없으며 맥상으

로 유모가 있다. 엽병의 길이는 1.5~4.5cm이다. 꽃은 자웅이주 단성화로 엽액에 단생 또는 총생하고 수상으로 달려 6~7월에 약간 붉은빛이 도는 황백색으로 핀다. 소화의 화피편은 6~9개이고 길이는 5~10m, 지름은 15mm로 난상 장타원형이며 향기가 강하다. 수술은 5개이고 암꽃은 화경이 가늘고 길며 타원형으로 군집하고 심피는 약 17~40개이다. 화탁은 길이 3~5cm로 자라 수상으로 달린다. 열매는 수상 취합과이고 장과로 구형이며 길이는 6~12mm, 8~9월에 심홍색으로 익는다. 종자는 1~2개가 들어 있다. 줄기는 만경 우회성이고 많은 가지가 발달하며 수피는 적갈색이다. 수형은 만경형, 길이는 6~10cm, 직경은 3~5cm이다. 충남을 제외한 전국의 표고 200~1,600m 산록, 전석사면에 자생한다. 맛이 다섯 가지라고 하여 오미자라 한다. 변종으로 개오미자(잎 뒷면에 털이 없음)가 있다.

2) 재배학적 특성

부식된 퇴비를 뿌리 주위에 1~2cm 시비하고 산림용 고형복합비료를 측방 1~2cm 깊이에 시비한다. 고온, 건조, 척박지는 부적지이고 습도가 적당한 비옥한 사질 양토에서 생육이 왕성하며 수림 또는 수관 아래에 식재한다. 공해와 내염성에 약하므로 해안지방과 공장지역은 부적지이고 자연형으로 관리하지만 줄기가 부착~할 수 있는 시설이 필요하다. 가지를 솎아내기도 한다. 소경목으로 이식, 식재하며 착과를 잘 되게 하기 위해 수분수를 혼식하여 햇빛을 잘 받게 한다.

(1) 번식방법

① 실생 : 장과를 채취하여 과육을 제거한 종자를 직파하거나 습사에 노천 매장하여 봄에 파종하고 해가림을 설치한다.

② 삽목 : 3~4월에 숙지삽, 6~7월에 숙지삽을 실시하고 해가림을 설치한다.

③ 취목 : 덩굴 줄기를 지면에 유인하여 얕게 묻어 발근되면 절단하여 식재한다.

(2) 병충해 방제

① 흰불나방, 보링잎벌레 : 디프테렉스 1,000배, 수프라사이드 1,000배액 등을 살포한다.

② 응애류 : 켈탄, prethyene 1,000배액 등을 4~5월에 살포한다.

3) 이용

조경수(정원, 공원)로 이용되며 열매는 약용, 식용한다. 줄기, 잎, 열매는 방향유 채취용으로 쓰인다.

성분표(100g당)

	에너지 (kcal)	수분 (%)	단백질 (g)	지질 (g)	회분 (g)	탄수화물	
						당질 (g)	섬유 (g)
오미자 (마른 것)	273	12.0	16.3	7.0	3.9	60.8	12.1

	칼슘 (mg)	인 (mg)	철 (mg)	나트륨 (mg)	칼륨 (mg)	나이아신 (mg)	폐기율 (%)
	766	204	10.5	(11)	(104)	15.5	

비타민	A			B_1	B_2	C
	Retinol Equivalent	레티놀 (mg)	베타카로틴 (mg)	(mg)	(mg)	(mg)
				0.30	0	0

21. 으름덩굴

1) 이름과 식물학적 특성

학 명	*Akebia quinata*	유사종	멀꿀
생약명	목통(木通)	분 포	황해도이남 분포(강원 제외), 중국, 일본
과 명	으름덩굴과	성숙시기	10월
영 명	Five-leaf akebia, Chocolate vine	열매 색	적갈색
일본명	アケビ(akebi)		

원산지는 한국, 중국, 일본으로 중용수이며 낙엽활엽만경목이다. 잎은 새 가지에서는 호생(互生)하고 늙은 가지에서는 총생(叢生)한다. 잎의 모양은 장상복엽이며 소엽(小葉)은 5~6개이고 광란형 또는

타원형이며 요두이며 원저(圓低) 또는 예저(銳底)이다. 잎의 길이는 3~6cm, 너비는 1.5~3cm로 양면에 털이 없고 가장자리는 밋밋하며 엽병(葉柄)의 길이는 6~8cm이다. 꽃은 자웅동주(雌雄同株) 단성화(單性花)이며 단지(短枝)에 총상화서가 액생(腋生)한다. 4~5월에 피며 수꽃은 작고 많이 달리며 화피가 3개, 수술이 6개 있고 암꽃이 퇴화한 흔적이 있다. 암꽃은 크고 적게 달리며 지름은 2.5~3cm로 자갈색이며 꽃잎이 없고 3개의 꽃받침과 화피, 퇴화 한 수술, 점성이며 길이는 6~10cm, 지름 3~4cm이고 10월에 자갈색으로 익어 봉선에 따라 터지며 백색 과육 속의 종자는 난형이며 흑색이고 수가 많다. 수형은 만경형이며 줄기의 길이는 5m, 지름은 1~3cm이다. 황해도이남 표고 50~1,300m의 산록(山麓) 수림 속에 분포한다. 여덟잎으름(소엽 6~9개), 녹색으름(잎 표면이 녹색, 줄기는 담녹색)이 있다.

2) 재배학적 특성

부식된 퇴비를 뿌리 부분에 2~4cm 시비하고 사토 1cm 복토, 산림용 복합비료를 측방 3~4cm 깊이에 시비한다.

덩굴성 식물로 덩굴이 자라 붙을 부속물이 필요하며 바람이 심하지 않은 남향이나 동남향의 완경사지, 충분히 뻗을 공간이 필요하고 유기질이 풍부하며 보수력이 있고 공기유통이 잘되는 비옥한 적윤 토양에서 생육이 좋다. 자연형으로 관리하나 전정하여 수형을 조절한다.

(1) 번식방법

① 실생 : 10월에 익는 열매를 따서 과육을 물에 잘 씻으면 검은 씨가 많이 나오는데 이것을 직파하거나 모래와 섞어 노천매장 하였다가 봄에 파종하고 해가림을 설치한다. 2~4년 후면 정식할 수 있을 정도로 자라는데, 결실용 실생묘에 접목한 묘를 이용할 수도 있다.

② 삽목 : 3~4월에 가지를 3~4마디(10~15cm)씩 잘라 반 정도 묻히게 꽂아두며 6~7월에 녹지삽을 실시하고 해가림을 설치한다.

③ 취목 : 길게 뻗은 줄기의 마디 밑에 상처를 낸 후, 휘어서 땅에 묻어두면 그곳에서 뿌리가 나오므로 그 끝을 잘라 독립된 개체를 얻을 수 있다.

(2) 병충해 방제

① 선녀벌레, 잎나방 : 스미치온, 마라치온 1,000배 등을 살포한다.

② 진딧물 : 메타시스톡스 1,000배액을 살포한다.

3) 이용

조경수(정원, 공원, 파고라, 테라스)로 사용되며 열매의 과육은 식용하고 과피, 뿌리, 줄기는 약용하며 또한 줄기는 바구니 재료로도 쓰인다. 여러 나무를 군식 또는 반그늘에 심는 것이 열매가 잘 맺힌다.

성분표(100g당)

	에너지		수분	단백질	지질	회분	탄수화물		
							당질		섬유
	(kcal)		(%)	(g)	(g)	(g)	(g)		(g)
으름덩굴	139		72.2	2.0	12.9	1.0	11.9		5.1
	칼슘	인	철	나트륨	칼륨	나이아신		폐기율	
	(mg)	(mg)	(mg)	(mg)	(mg)	(mg)		(%)	
	6	269	3.4			5.7			
비타민		A					B_1	B_2	C
		Retinol		레티놀	베타카로틴				
		Equivalent		(mg)	(mg)		(mg)	(mg)	(mg)
		7		(0)	(39)		0.06	0.04	31

22. 장구밤나무(장구밥나무)

1) 이름과 식물학적 특성

학 명	*Grewia parviflora*	분 포	경기도, 충청남도 및 경상남도 등 주로 서해안
생약명	왜왜권(娃娃拳)	성숙시기	10월
과 명	피나무과	열매 색	황색
영 명	Mandshurica walnut		
일본명	エノキウツギ(enoki-utsugi)		

원산지는 한국, 중국으로 양수이며 낙엽활엽관목이다. 잎은 호생(互生)하고 능상(菱狀) 난형(卵形) 또는 능형이며 길이는 3~12cm, 너비는 1.6~6cm로 점첨두(漸尖頭), 아심장저(亞心臟低) 또는 광예저(廣銳底)이고 기부에서 3개의 큰 맥이 발달하여 표면이 거칠고 뒷면이 성모가 있고 불규칙하거나 얕게 3개로 갈라지며 엽병(葉柄)은 길이 3~18cm로 성모가 있다. 꽃은 자웅동주(磁雄同株) 양성화(兩

性花)이며 잎과 대생하고 취산화서 또는 산형화서에 5~8개가 달리고 7월에 지름 1cm의 꽃이 핀다. 화경은 3~10mm, 꽃받침 잎은 5개로 도피침형이며 길이는 4~8mm, 성모가 있고 꽃잎은 5개로 길이가 3mm인 수술은 다수이다. 자방에 융모가 밀생하고 2실이다. 열매는 복핵과로 둥글거나 장구통 같으며 황색 또는 황적색이고 황갈색 융묘가 밀생한다. 수형은 원형, 수고는 2m, 지름 3~6cm이다. 중부 이남 표고 700m 이하 산록 양지에 자생한다. 유사종으로 좀장구밥나무가 있다.

2) 재배학적 특성

부식된 퇴비를 뿌려 주위에 1~2cm로 시비하고 모래에 1cm 복토, 산림용 고형복합비료를 측방 1~2cm 깊이에 시비한다. 내륙, 혹한 지역은 부적지이며 토양은 별로 가리지 않고 어느 곳이나 생육이 가능하다. 자연형으로 관리하고 이식, 식재는 용이하다. 군식, 단식, 혼식이 가능하다.

(1) 번식방법

① 실생 : 10월에 채취한 핵과를 과육은 세척하고 직파하거나 습한 모래에 노천 매장하였다가 봄에 파종한다.

② 삽목 : 3~4월에 숙지삽, 6~7월에 녹지삽을 실시하고 해가림을 설치한다.

(2) 병충해 방제

① 진딧물 : 메타시스톡스 1,000배액을 살포한다.

② 응애류 : 캘탄, prethylene 1,000배액 등을 4~5월에 살포한다.

③ 나방류 : 수프라사이드, 디프수용제, 디프테렉스 1,000배액 등을 살포한다.

3) 이용

조경수로 정원이나 해변공원에 쓰이고 열매는 식용하며 수피는 섬유 등으로 쓰인다.

23. 찔레꽃

1) 이름과 식물학적 특성

학 명	*Rosa multiflora* var. *multiflora*	유사종	생열귀나무
생약명	영실(營實)	분 포	함경북도를 제외한 전국, 중국, 일본
과 명	장미과	성숙시기	9월
영 명	Baby rose	열매 색	적색
일본명	ノイバラ(noibara)		

원산지는 한국, 중국, 일본이며 중용수로 낙엽활엽교목이다. 2n=14. 잎은 어긋나고 우상복엽이며 가장자리에 잔거치가 있고 소엽은 3~9개로 도란상(倒卵狀) 타원형(楕圓形) 또는 광란형이다. 선단(先端)은 둔두(鈍頭) 또는 첨두(尖頭)이고 기부(基部)는 설저(楔底) 또는 원저(圓低)이다. 잎의 길이는 1.5~3cm, 너비는 0.8cm~2cm이다. 잎의 뒷면에 아주 가는 털이 있다. 탁엽(托葉)은 빗살 같은 거치

가 있으며 하반부는 엽병과 합쳐진다. 꽃은 자웅동주(磁雄同株) 양성화(兩性花)로 새 가지 끝에서 5월에 피고 지름 2~3cm로 백색 또는 붉은빛이 돌며 원추상(圓錐狀) 산방화서(繖房花序)에 다수 달린다. 꽃잎은 도란형이며 끝이 파지고 향기가 있으며 꽃받침 통은 원통이다. 수술은 수가 많고 화주는 심피의 복부에 달리며 길게 밖으로 나온다. 열매는 장미과로 기둥같이 생긴 모양이거나 난형이며 직경은 6~8mm이다. 종자는 길이가 3mm 정도로 백색이고 털이 있고 묵은 줄기는 회갈색이다. 수형(樹形)은 피복원형(被覆圓形)으로 수고는 2m, 직경은 10cm이다. 함북을 제외한 전국의 표고 1,900m 이하 산록 양지 및 하천 주변에 자생한다. 꽃 이삭에 선모가 많은 것을 털찔레(var. *adenochata*), 작은 잎의 길이가 2cm 이하이고 꽃이 작은 것을 좀찔레(var. *quelpaetensis*), 탁엽의 가장자리가 거의 밋밋하고 화주에 털이 있는 것을 제주찔레(*R. luciae*), 꽃이 붉고 탁엽(托葉)에 거치가 있는 것을 국경찔레(*R. jaluana*)라고 한다.

2) 재배학적 특성

부식된 퇴비는 뿌리 주위에 1~2cm 시비하며 산림용 고형복합비료를 측방 1~2cm 깊이에 시비한다. 고온, 건조, 척박지는 생육이 나쁘며 습기가 있는 하천변, 호숫가 주변에서 생육이 좋다. 전정하여 수형을 조절할 수 있고 개화를 위하여 묵은 가지를 제거한다. 군식, 단식 및 혼식이 가능하고 이식은 3~4월에 줄기 및 가지를 절단하여 원줄기로만 식재한다.

(1) 번식방법

① 실생 : 가을에 성숙된 과실을 채취, 과육을 제거하고 종자를 선별하여 직파 또는 젖은 모래에 노천매장 하였다가 봄에 파종한다.

② 삽목 : 3~4월에 숙지삽, 6~7월에 녹지삽을 실시하고 해가림을 설치한다.

③ 분주 : 기부에서 3~4월에 분주한다.

④ 종자 : 순량률 90%, 실중 6.61g, 리터당 75,863립, 발아율 57%

(2) 병충해 방제

① 백분병 : 석회유황합제, 카라센 300배액 등을 살포한다.

② 흑성병 : 겨울에 석회황합제 40배액, 생육 중에는 오소사이드 400배액을 살포한다.

③ 꽃썩음병 : 다이센, 석회보르도액 등을 살포한다.

④ 진딧물 : 메타시스톡스 1,000배액 등을 살포한다.

⑤ 응애 : 켈탄, 테디온 1,000배액 등을 4~5월에 살포한다.

⑥ 잎벌레깍지벌레 : 파라치온, 디프테렉스, 수프라사이드 1,000배액 등을 살포한다.

3) 이용

꽃, 과실, 뿌리는 약용하고 관상용 장미의 대목으로 쓰이고 있다.

24. 탱자나무

1) 이름과 식물학적 특성

학 명	*Poncirus trifoliata*	분 포	경기도이남 식재, 중국
생약명	지실(枳實)	성숙시기	9월
과 명	운향과	열매 색	황색
영 명	Trifoliate orange, Hardy orange		
일본명	カラタチ(karatachi)		

원산지는 중국이며 중용수로 낙엽활엽관목 또는 소교목이다. 2n=18, 36. 수형은 원형이고 수고 4~5m, 지름 3~5cm이다. 잎은 호생하고 3출 복엽이다. 엽병의 길이는 3cm로 날개가 있다. 소엽은 혁질로 난형, 타원형 또는 도란형이고 길이는 1.5~5cm, 너비는 1~3cm로 원두 또는 미요두이며 설

저(楔底)이고 둔거치(鈍鋸齒)연 또는 가장자리가 없으며 털이 없다. 꽃은 자웅동주(磁雄同株)로 5월에 백색으로 피고 정생 또는 액생(腋生)하는데 1~2개씩 달린다. 꽃받침은 5개이고 길이는 5~6mm이다. 꽃잎은 5개이며 길이는 1.8~5cm, 수술 8~20개가 있다. 자방(子房)에 밀모(密毛)가 있고 8~10실이며 향기가 있다. 열매는 감과(柑果)이고 구형이며 직경 4~5cm에 털이 있으며 9~10월에 등황색으로 익고 향기가 있다. 종자는 장타원형, 길이는 1~1.3cm로 황백색이다. 줄기는 굴곡하여 직상하고 밑에서 2~3개의 줄기 가지가 자라며 굵으며 단지가 사방으로 퍼지고 가시와 엽액(葉腋) 반대 반향으로는 굽고 약간 편평한 길이 1~7cm의 녹색의 굳센 가시가 호생(互生)한다. 가시에는 각이 지고 가시 같은 털이 있다. 수형은 원정형(圓整形)이고 수고는 3~5m, 지름은 2~5cm이다. 중부 이남 표고 700m 이하 따뜻한 곳에서 식재하고 있다.

2) 재배학적 특성

부식된 퇴비를 뿌리 주위에 1~2cm 시비하며 산림용 고형복합비료를 측방 1~2cm 깊이에 시비한다. 동해를 받을 수 있으므로 중부지방에서는 겨울철에 햇빛이 잘 드는 따뜻한 곳에 식재하며 남부지방에서는 토양 장소를 가리지 않고 할 수 있다. 강도 높은 전정을 3~4월에 실시하여 수형을 조절하고 당년생은 상체하여 2~3년생을 이식, 식재한다. 대묘는 7월 우기에 이식, 식재한다.

(1) 번식방법

실생 : 10월에 채종하여 습사에 노천매장 하였다가 봄에 파종한다. 발아율은 95%이다.

(2) 병해충 방제

① 녹병 : 병에 걸린 낙엽을 긁어모아 태우고 4월 중, 하순경의 발아 직전에 석회 유황합제 5%액을 수관에 철저히 살포한다. 매년마다 이병이 심한 수목은 장마가 끝난 후에 다이센 M-45 600배액 또는 디포라탄 800배액을 10~15일 간격으로 3회 이상 살포하여 예방해 준다.

② 점무늬병 : 농용산수화제 800배액 또는 6-6식 보르도액을 6월 하순~8월까지 3~4회 살포한다.

③ 응애 : 켈탄, prethylene 1,000배액 등을 4~5월에 살포한다.

④ 나방, 깍지벌레류 : 디프테렉스, 수프라사이드, 스미치온 등을 살포한다.

3) 이용

생울타리로 쓰이고 경상남도의 도목이다. 천연기념물 78호(강화), 79호(강화), 잡종으로 Citradias, Citrangual이 있다.

성분표(100g당)

	에너지		수분	단백질	지질	회분	탄수화물		
							당질		섬유
	(kcal)		(%)	(g)	(g)	(g)	(g)		(g)
탱자나무	76		77.9	1.3	1.5	0.8	18.5		2.1
	칼슘	인	철	나트륨	칼륨	나이아신	폐기율		
	(mg)	(mg)	(mg)	(mg)	(mg)	(mg)	(%)		
	9	9	0.1	2	27	0.6			
비타민	A						B_1	B_2	C
	Retinol Equivalent			레티놀 (mg)	베타카로틴 (mg)		(mg)	(mg)	(mg)
	2			0	14		0.07	0.08	132

제5장 야생화 자원식물

1. 구절초

1) 이름과 식물학적 특성

학 명	*Dendranthema zawadskii* var. *latilobum*	일본명	イワギク(iwa-giku)
생약명	구절초(九折草)	유사종	산구절초, 바위구절초, 포천구절초, 서흥구절초
과 명	국화과	분 포	전국

높이가 50Cm 내외에 달하는 다년초로 지하하경이 옆으로 길게 뻗으면서 번식하고 산구절초와 비슷하지만 잎이 난형 또는 넓은 난형으로 절저 또는 심장저에 가까우며 윗부분의 것은 예저로도 되고 가장자리가 1회 우상으로 갈라진다. 측열편은 흔히 4개로 긴 타원형이며 둔두하고 가장자리가 다소 갈라지거나 톱니가 있다. 두화는 보다 크며 지름이 8cm에 달한다. 높은 지대의 능선에서 군락을 형성

하여 자라지만 들에서도 흔히 자라고 꽃은 보통 백색이지만 붉은빛이 도는 것도 있으며 총포와 수과는 산구절초와 같다.

2) 재배학적 특성

(1) 번식방법

구절초는 종자에 의한 실생 번식과 삽목에 의한 번식이 모두 가능하다. 특히 삽목번식은 당년에 개화하고 육묘기간이 짧아서 노력비가 적게 들며 우량개체를 대량 번식시킬 수 있는 장점이 있다. 최근 구례군의 새로운 기술 개발 사업에 의한 결과를 볼 것 같으면 5월 30일과 6월 10일 2회 삽목한 결과 아래 표와 같이 모래에 삽목한 것이 92%로 가장 높았고 발근일수는 15일 정도였다. 질석은 물빠짐이 나빠 발근율이 낮고 부패주가 많다. 구절초 삽목은 5월 30일~6월 30일 사이 모래에 삽목하는 것이 제일 좋은 방법으로 판단된다. 구절초는 실생, 분주, 삽목 등 어느 것이나 번식이 되나 채종 즉시 파종하는 것이 효과적이다. 채종 후 건조한 상태로 저장하였다가 이듬해 봄에 파종하여도 발아율은 높은 편이다. 다른 것에 비해 구절초는 종자를 묵혀도 발아가 잘되는 특징이 있다. 종자가 많이 달리고 발아율 또한 높기 때문에 재배에 특별히 어려운 점이 없다. 실생일 경우 꽃은 2년 후에 핀다.

구절초의 상토별 • 시기별 발근 실험

상토종류	5월 30일		6월 30일	
	발근율	발근일수	발근율	발근일수
펄라이트	9.7	15일	89.0	16일
질석	88.0	15일	87.2	17일
모래	92.0	15일	92.0	15일

(2) 분화재배

구절초는 분화용으로 재배할 경우 용기의 높이는 가능한 낮은 것이 좋다. 토양은 부엽도, 배양토 및 마사를 2:4:4로 혼합하여 사용하는 것이 이상적이다. 특히 햇볕이 잘 드는 양지 쪽에 통풍이 잘되도록 해주고 비료는 고체 비료를 1년에 2회 정도 주거나 액체 비료를 1,000배액 하여 4~7월까지 보름에 한 번 정도 준다.

분갈이는 2년에 한 번 정도씩 꽃이 진 후 또는 봄철에 한다. 구절초는 생명력이 강하기 때문에 분갈이 역시 어려움이 없고 병충해도 비교적 없다.

구절초 분화 재배 시에는 키가 너무 크지 않도록 주의해야 하는데 6~7월경 밑부분에서 5~7cm쯤 남기고 순자르기를 해부면 곁가지가 많이 나와 꽃을 풍성하게 볼 수 있다.

(3) 정원재배

화단 또는 조경을 위한 집단 재배용으로 가장 많이 인기가 있는 구절초는 습하고 음지만 아니면 어디서나 잘 자라기 때문에 비료는 주지 않아도 되는데, 몹시 척박한 토질에서는 원예용 복합비료를 2회 정도 7월 이내에 적당히 살포한다. 최상의 생육 상태를 유지하기 위하여 2년에 한 번 복토를 해주면 더욱 좋다.

집단 재배 시 생육조건이 좋지 않을 경우, 꽃이 들쭉날쭉 보기 싫게 피기 때문에 개화기를 역산하여 50~60일 전, 즉 장마 초기(6월 하순)에 줄기를 한 번 잘라 주면 꽃을 많이 볼 수 있고 높낮이도 고르게 되어 보기에도 아주 좋다.

절화용으로서는 가지가 없고 키가 크게 자라도록 거름을 많이 주며, 쓰러지는 것을 방지하기 위하여 생육 상태에 따라 그물을 쳐준다.

3) 이용

꽃이 달린 전초를 부인병에 사용한다. 예로부터 음력 9월 9일에 꽃과 줄기를 함께 잘라 부인병 치료와 예방을 위한 한약재로 썼다고 하여 구절초(九折草)라 한다.

한방에서 전체를 건위, 보익, 신경통, 부인병 등의 약재로 쓴다. 특히 부인병에서 몸을 따뜻하게 하는 효과가 있어 민간요법으로 많이 사용되어 왔다. 근래에 와서는 원예용으로의 높은 가치를 인정받아 대량으로 재배되어 조경용 및 절화용으로 각광받고 있다. 암석원, 허브원, 지피용, 분경용, 경관식재용으로 쓰인다.

2. 금낭화

1) 이름과 식물학적 특성

학 명	*Dicentra spectabilis*	영 명	Bleeding heart
생약명	하포목단근(荷苞牧丹根)	일본명	ケマンソウ(keman-so)
과 명	현호색과	분 포	전국

설악산 지역에서 야생상(野生狀)으로 자라지만 흔히 관상용으로 심고 있는 다년초로 높이 40~50cm이며 전체가 흰 빛이 도는 녹색이다. 잎은 호생하고 엽병이 길며 3개씩 2회 갈라지고 소엽은 길이 3~6cm로써 3~5개로 깊게 또는 완전히 갈라지며 열편은 도란형 쐐기형이고 끝이 결각이 있다. 꽃은 5~6월에 피며 연한 홍색이고 길이 27~30mm, 너비 18~20mm로 밑부분이 심장저이

며 원줄기 끝의 총상화서에 한쪽으로 치우쳐서 주렁주렁 달리고 화서는 원줄기 끝에 발달하며 길이 20~30cm로 활처럼 굽는다. 꽃받침 잎은 2개이고 피침형이며 끝이 둔하고 길이 6~7mm로 빨리 떨어지며 꽃잎은 4개가 모여서 편평 심장형으로 되고 바깥 꽃잎 2개는 길이 2cm 정도에 밑부분이 주머니 같은 거(距)로 되며 끝이 좁아져서 밖으로 젖혀지고 안쪽 꽃잎 2개는 합쳐져서 돌기처럼 되며 길이 2.5cm 정도이다. 수술은 6개가 양체(兩體)로 갈라지고 암술은 1개이다. 심장 모양의 꽃이 주머니 모양으로 생겨 금낭화라고 부른다.

2) 재배학적 특성

(1) 번식방법

금낭화는 종자번식이 잘되므로 초가을(8~9월)에 파종한다. 반그늘이 금낭화의 어린 묘 생육에 좋으므로 한낮에는 차광을 해주도록 한다. 포기나누기 또는 꺾꽂이로도 번식이 잘되는데 집에서 취미로 할 때는 포기나누기 방법으로도 충분한 양을 확보할 수가 있다.

(2) 정원재배

금낭화를 정원에 심을 때는 한낮에 그늘이 지는 곳을 선택하여 심는다. 꽃이 필 때까지는 아침에는 햇빛이 들고 한낮에는 그늘이 지는 곳이 최적지이며 건조한 환경에도 어느 정도 강한 편이다.

(3) 분화재배

분화재배에 있어서도 특별히 까다로운 점은 없으나 화분의 건조에 유의해야 한다. 비료는 분화나 정원을 구분하지 않고 원예용 복합비료를 1년에 봄부터 꽃피기 전 20일경까지 2차례 정도 준다. 절화로 재배할 때에는 쓰러지지 않도록 관리하는 것이 가장 중요하다.

3) 이용

일본에서 전초를 탈항증에 사용한다. 분화용, 화단용, woodland garden에 쓰인다.

3. 기린초

1) 이름과 식물학적 특성

학 명 *Sedum Kamtschaticum*
생약명 비채(費菜)
과 명 돌나물과

영 명 Kamschatka stonecrop, Kamschatka sedum
일본명 きんせんか(kirin-so)
유사종 섬기린초, 가는기린초
분 포 제주도에서 함경남도까지 광활하게 분포, 중국, 일본

가는 기린초와 비슷하지만 원줄기가 한군데에서 많이 나오고 잎이 짧으며 넓은 것이 다르다. 산지의 바위 곁에 붙어서 자라고 높이 5~30cm로 뿌리가 굵으며 잎은 호생하고 도란형 또는 넓은 도피침형이며 끝이 둥글고 밑부분이 점차 좁아져서 원줄기에 직접 달리며 길이 2~4cm, 너비 1~2cm로 양

면에 털이 없고 가장자리에 약간 둔한 톱니가 있다. 꽃은 6~7월에 피며 5수이고 원줄기 끝의 산방상 취산화서에 많은 꽃이 달리며 수술은 10개이다. 꽃받침은 피침상 선형이고 둔두로서 녹색이며 꽃잎은 피침형 예두이고 길이 5mm 정도로서 황색이다.

2) 재배학적 특성

(1) 번식방법

7~8월에 종자를 채취하여 바로 채파한다. 이듬해 봄에 발아하면 9월경에 적당한 곳에 이식한다. 삽목이 잘되므로 겨울철 고사기를 제외하고 수시로 엽삽을 실시한다.

(2) 재배방법

토양조건은 거의 가리지 않는 편이고 배수성과 통기성이 양호한 사질 양토가 좋으며 약간 건조하게 재배하는 것이 좋다. 강한 광이나 반그늘에서도 재배할 수 있으나 강한 음지는 피하는 것이 좋다. 도장하기 쉽기 때문이다.

3) 이용

암석원, 건조지의 녹화용, 초물 분재용, 지피식물원이나 옥상정원에 식재하면 좋다.

4. 꿩의다리

1) 이름과 식물학적 특성

학 명	*Thalictrum aquilegifolium* var. *sibiricum*	일본명	カラマツソウ(karamatsu-so)
생약명	마미련(馬尾連)	유사종	좀꿩의다리, 산꿩의다리, 자주꿩의다리, 은꿩의다리
과 명	미나리아재비과	분 포	전국, 구아대륙의 북온대 및 아한대에 분포

풀밭에서 자라는 다년초로서 높이 50~100cm이고 원줄기는 능선이 있으며 속이 비어 있고 녹색 또는 자주색 바탕에 분백색이 돈다. 잎은 호생하며 밑부분의 것은 잎자루가 길지만 위로 올라갈수록 짧아져서 없어지고 전체가 3각형이며 2~3회 우상으로 갈라진다. 턱잎은 가장자리가 거의 막질로서 밋밋하고 뒤로 젖혀지며 작은 턱잎이 있다. 소엽은 도란형 또는 심원형으로 길이 1.5~3.5cm, 너

비 1~3cm로 3~4개로 갈라지며 끝이 둥글다. 꽃은 7~8월에 피고 지름 1.5cm 정도로 백색이며 원줄기 끝에서 산방상의 큰 꽃차례로 된다. 꽃받침 잎은 4~5개이고 타원형이며 길이 3~4mm, 5~7맥이 있고 피기 전에 붉은빛이 돌기도 하며 꽃잎이 없다. 수술은 많고 길이 10mm이며 수술대는 윗부분이 펴져서 주걱같이 되고 꽃밥은 황백색이며 길이는1~1.2mm로 넓은 선형이다. 수과는 5~10개씩이고 3~4개의 능선이 있으며 도란형 또는 타원형이고 길이 6~8mm이며 길이 4~5mm의 대가 있어 밑으로 늘어진다.

2) 재배학적 특성

(1) 번식방법

9월 말에서 10월 초에 채취한 종자를 보습성이 있고 반그늘 진 곳에 곧바로 파종하면 발아가 잘된다. 지하부의 뿌리가 거대한 식물이므로 분주는 어렵다.

(2) 정원재배

강한 광선을 좋아하는 식물이므로 양지를 택하여 재배한다. 습기가 충분한 토양을 좋아하므로 찬물이 나는 다랑논 등이 적합한 재배지이다. 너무 비옥하면 식물체의 초장이 도장하여 장마 때 도복하기 쉬우므로 오히려 적당한 척박지가 좋다. 건조에는 아주 약하다.

3) 이용

어린 줄기와 잎을 식용으로 하고 뿌리와 함께 약용으로도 한다.

지하부 뿌리가 강건하므로 각종 토목공사에 의해 발생하는 절개사면에 식재하면 좋고 토양고정용으로 좋다. 습기가 많은 댐이나 저수지 주변 또는 척박한 곳의 녹화용 식물로 좋으며 절화용, 화단 식재용으로도 좋다.

5. 노루오줌

1) 이름과 식물학적 특성

학 명	*Astilbe rubra* var. *rubra*	영 명	False spirea, False goat's beard
생약명	낙신부(落新婦)	일본명	ァスチルベキネンシス(kara-chidakesashi)
과 명	범의귀과	유사종	숙은노루오줌
		분 포	전국 산지

산지의 냇가 또는 습지 근처에서 흔히 자라는 다년초로 높이 30~70cm이고 긴 갈색 털이 있으며 근경은 굵고 옆으로 짧게 뻗는다. 잎은 3개씩 2~3회 갈라지며 잎자루가 길고 정소엽은 장란형 또는 난상 장타원형으로 끝이 짧은 예두이며 밑부분이 둔두 또는 심장저에 가깝고 가장자리에 겹 톱니 또는 결각 상의 톱니가 있으며 소엽은 길이 2~8cm, 너비 1~4cm로 종이같이 얇다. 꽃은 7~8월에 피

고 홍자색이며 원추화서는 원줄기 끝에 달리고 길이 30cm 정도로 많은 꽃이 달리며 짧은 털이 있다. 꽃받침은 5개로 갈라지고 꽃받침 잎은 난형이며 꽃잎은 5개로서 선형이고 수술은 10개, 암술대는 2개이고 삭과는 길이 3~4mm이다. 제1차 우편의 소엽병과 엽축의 각이 90°나 둔각인 것을 진퍼리노루오줌(var. *divaricata*)이라고 하며 광릉 및 함북에서 자란다.

2) 재배학적 특성

(1) 번식방법

10월경 종자를 채취하여 곧바로 반그늘이 지고 습윤한 곳에 채파하면 이듬해 봄에 발아한다. 봄, 가을에 분주에 의해서도 번식이 잘된다.

(2) 정원재배

토양은 보습성이 좋은 식양토를 사용하며 부엽을 충분히 혼합하는 것이 좋다. 적당한 시비 관리는 식물체를 강건하고 개화를 좋게 한다. 양지 또는 반그늘에서 잘 자란다.

3) 이용

화단 식재용 소재로 이용하거나 대량으로 군식하여도 좋다. 정원의 교목 하부 식재용으로 매우 좋다.

6. 돌단풍

1) 이름과 식물학적 특성

학 명	*Mukdenia rossii*	영 명	Rose mukdenia
생약명	축엽초(槭葉草)	일본명	いわやつて(iwa-yatsude)
과 명	범의귀과	유사종	돌부채손, 큰돌단풍
		분 포	충청도 이북

충청도 이북의 냇가 바위 곁이나 바위틈에 붙어서 자라는 다년초로서 근경이 굵고 비늘 같은 포로 덮여 있다. 잎은 근경 끝이나 그 근방에서 1개 또는 2개씩 포린에 싸여 나오지만 여러 개가 한군데에서 나오는 것처럼 보이며 긴 잎자루 끝에 5~7개로 갈라진 단풍잎 같은 잎이 달리고 열편은 난형 또는

장란형이며 예첨두로 가장자리에 잔톱니가 있고 털이 없으며 표면에 윤채가 있다. 꽃줄기는 잎이 없고 5월에 비스듬히 자라서 높이가 30cm에 달하며 백색 바탕에 약간 붉은빛이 도는 꽃이 원추화서를 형성한다. 꽃받침 잎, 꽃잎 및 수술은 각각 6개이고 꽃받침 잎은 난상 장타원형이며 예두로서 흰빛이 돌고 꽃잎은 난상 피침형이며 예두로서 꽃받침보다 짧고 꽃받침 잎과 더불어 뒤로 젖혀진다. 수술은 꽃잎보다 약간 짧으며 1개의 암술이 있고 삭과가 2개로 갈라진다. 잎의 열편이 12개 내외로 갈라지는 것을 큰돌단풍(var. *multiloba*)이라고 한다.

2) 재배학적 특성

(1) 번식방법

이른 봄이나 가을에 적당히 분주한다.

(2) 정원재배

오전 중에는 햇빛이 적당히 드는 곳이 좋고 너무 그늘진 곳은 식물체가 도장하기 쉽고 약하게 자란다. 공중 습도가 높은 곳을 좋아하지만 지하부가 너무 습한 곳은 좋지 않다. 배양토는 물빠짐이 좋은 굵은 마사에 부엽 등을 섞어서 사용한다.

3) 이용

수석이나 고사목 위에 이끼로 고정하여 수반 위에서 키우면 관상가치가 좋다. 암석원에 식재하거나 분화로도 좋다. 어린잎은 나물로도 먹는다. 화단이나 지피식물로 쓰인다.

7. 동의나물

1) 이름과 식물학적 특성

학 명	*Caltha palustris* var. *palustris*	영 명	Marsh marigod
생약명	막엽려제초(膜葉驢蹄草)	일본명	りユウキソカ(ryukinka)
과 명	미나리아재비과	분 포	전국 각지

산중 습지에서 자라는 다년초로 근경은 짧고 굵은 뿌리가 있으며 화경은 길이 50cm이고 옆으로 비스듬히 자라기 때문에 마디에서 뿌리가 내리며 윗부분이 곧추선다. 근생엽은 총생이고 신원형(腎圓形) 또는 난상 심원형(心圓形)이며 길이와 너비가 각각 5~10cm로 파상의 둔한 톱니가 있거나 밋밋하고 털이 없으며 경생엽은 엽병이 없다. 꽃은 4~5월에 피고 황색이며 원줄기 끝에 대개 2개씩 달리고 소화경은 길이 5~11cm로 털이 없다. 꽃받침 잎은 5~6개이며 길이 11~18cm의 타원형이고 꽃잎

은 없으며 수술은 많고 수술대는 길이 6~7mm로 털이 없으며 꽃밥은 길이 1.5~2mm이다. 골돌은 4~16개이고 길이 1cm 정도로 끝에 길이 1~2mm의 암술대가 있으며 경생엽을 소가 먹는다.

2) 재배학적 특성

(1) 번식방법

동의나물은 실생 번식도 잘되지만 포기나누기도 거의 실패 없이 아주 잘된다. 그러므로 마음먹기에 따라서 많은 양을 단기간에 확보할 수도 있다.

5월 하순~6월에 걸쳐 채종을 하여 습하게 유지될 수 있는 곳에 직파하면 별다른 관리 없이도 70% 이상 발아가 된다. 채종 후 어미그루는 포기나누기 하는데 뿌리가 별로 눈에 띄지 않아도 발근이 잘되므로 아주 잘게 포기를 나누어 적당한 간격(20~30cm)으로 심으면 이듬해에 많은 그루가 생겨난다.

(2) 정원재배와 분화재배

동의나물은 햇빛을 좋아하면서도 습한 곳을 좋아하기 때문에 습지의 햇빛이 잘 드는 곳이 재배적지이다. 물에 항상 젖어 있어도 생육에 지장이 없으나 건조에는 약하다. 따라서 어쩔 수 없이 건조한 곳에 심어야 할 경우는 물주기를 게을리 해서는 안 된다.

분화재배에서도 정원에서와 마찬가지로 수분에 물을 부어 뿌리가 항상 젖어 있도록 해주어야 한다. 흡수성이 뛰어난 토분에 심어 수분에 받쳐 관리하면 물주기가 쉬워 오히려 재배하기 용이한 품목이기도 하다.

3) 이용

동의나물은 꽃이 지고 난 후에도 시원스런 잎의 모양이 좋기 때문에 분화용으로서도 아주 훌륭한 우리나라 특산식물이다.

습지 또는 연못 주변에 지피식물로 쓰이면 좋다. 수재화단에도 쓰이면 좋다.

8. 동자꽃

1) 이름과 식물학적 특성

학 명	*Lychnis cognata*	영 명	Lobate campion
생약명	천연주추라(淺裂剪秋蘿)	일본명	マツモトセンノウ(matsumoto-senno)
과 명	석죽과	유사종	털동자꽃, 제비동자꽃, 가는동자꽃
		분 포	전국 각지

깊은 산 숲속이나 높은 산 초원에서 자라는 다년초로 높이 40~100cm이고 줄기에 긴 털이 있다. 잎은 대생하며 엽병이 없고 긴 타원형 또는 난상 타원형이며 양끝이 좁고 가장자리가 밋밋하며 길이 5~8cm, 너비 2.5~4.5cm로 양면과 가장자리에 털이 있고 황록색이다. 꽃은 7~8월에 피며 지름 4cm 정도의 진한 적색이고 원줄기 끝과 엽액에서 소화경이 1개씩 자라 그 끝에 꽃이 1개씩 달린다.

소화경은 짧으며 털이 많고 꽃받침은 긴 통 같으며 끝이 5개로 갈라지고 겉에 털이 있다. 꽃잎은 5개이며 도심장형이고 밑부분이 길게 뾰족해지며 윗부분이 수평으로 퍼지면서 2개로 갈라지고 각 열편의 가장자리에 톱니가 있으며 목 부분에 소열편이 2개씩 있고 양쪽 가장자리 밑에도 소열편이 1개씩 있으며 수술은 10개, 암술대는 5개이고 삭과 꽃받침 통 안에 들어 있다. 훌륭한 관상자원의 하나로 일본에서 재배하고 있다.

2) 재배학적 특성

(1) 번식방법

동자꽃은 실생으로 하는 것이 쉽고 번식도 잘 된다. 봄에 파종하면 그해 여름에 개화하고 가을에 채종 즉시 파종하여도 이듬해 여름에 꽃이 핀다. 따라서 종자를 건조하게 저장하여 이듬해 봄에 파종하는 것이 유리하며 발아 적온은 17~20℃이다. 꺾꽂이도 잘되는데 꺾꽂이 시기는 5~6월에 그해 새순을 10cm 내외로 잘라 고운 모래 또는 삽목 토양에 꺾꽂이하면 뿌리가 잘 내린다.

(2) 정원재배와 분화재배

동자꽃 재배는 특별한 어려움은 없으나 여름 따가운 햇볕을 받으면 잎이 타는 데 유의해야 한다. 따라서 한여름에는 30% 정도 차광을 해주거나 오후에는 그늘이 지는 곳에서 재배하는 것이 좋다.

(3) 절화용재배

동자꽃은 꽃이 오래가고 여러 곁가지에서 꽃이 연달아 피고 물올림도 좋기 때문에 앞으로 절화용으로도 많은 소비가 있을 것으로 생각된다. 절화용으로 재배할 경우는 쓰러지지 않도록 그물망을 2~3중으로 쳐주고 인산질이 많은 원예용 복합 비료를 개화기 전에 20일 간격으로 3차례 정도 준다. 절화용은 키를 80cm 이상으로 키워야 상품성이 있으므로 밑거름을 충분히 준다.

3) 이용

인공 습지 또는 토양 습도가 높은 곳에 식재 및 초물 분재용으로 좋다. 지피식물로 군락지어 식재해도 좋으며 화단이나 절화용으로도 좋다.

9. 둥굴레

1) 이름과 식물학적 특성

학 명	*Polygonatum odoratum* var. *pluriflorum*	영 명	Korean solmon's seal
생약명	옥죽(玉竹)	일본명	アマドコロ(ama-dokoro)
과 명	백합과	유사종	진황정, 각시둥굴레, 왕둥굴레, 죽대, 퉁둥굴레, 용둥굴레
		분 포	전국, 일본, 만주, 중국

산야에서 자라는 다년초로서 높이 30~60cm이며 6줄의 능각이 있고 끝이 처지며 육질의 근경은 점질이고 옆으로 뻗는다. 호생 엽은 한쪽으로 치우쳐서 퍼지며 장타원형이고 길이 5~10cm, 너비 2~5cm에 잎자루가 없다. 꽃은 6~7월에 피며 1~2개씩 잎겨드랑이에 달리고 길이 15~20mm로 밑부분은 백색, 윗부분은 녹색이며 소화경은 밑부분이 합쳐져서 꽃자루로 된다. 6개의 수술이 통

부 윗부분에 붙고 수술대에 작은 돌기가 있으며 꽃밥은 길이 4mm로서 수술대와 길이가 거의 같다. 장과는 둥글고 흑색으로 익는다. 잎에 유리조각 같은 돌기가 있고 꽃의 길이가 2~2.5cm인 것을 산둥굴레(var. *thunbergii*), 잎 뒷면 맥 위에 작은 돌기가 많고 꽃이 1~4개씩 달리는 것을 큰둥굴레(var. *maximowiczii*), 잎의 길이 16cm, 너비 5cm 정도에 꽃이 4개씩 달리는 것을 맥도둥굴레(*P. koreaunm*), 전체가 크고 잎 뒷면에 털이 있으며 꽃이 2~5개씩 달리는 것을 왕둥굴레(*P. robustum*)라고 한다.

2) 재배학적 특성

(1) 번식방법

지하경의 증식 속도가 대단히 빠른 식물이므로 가을에 지하경을 적당한 길이로 자라 심으면 번식과 분주가 잘된다.

(2) 정원재배

반그늘에서 재배하는 것이 가장 좋으며 통풍이 잘되는 곳도 좋다. 단, 경사지에 식재하는 경우 장마 시에 토사 유출의 의한 식물체의 소실에 유의해야 한다. 토양은 사질 양토가 좋으며 적당하게 비옥한 것이 좋다.

3) 이용

어린순은 식용, 근경은 식용 및 자양강장제로 사용한다.

지피식물로 군락지어 심으면 좋고 화단의 전면 식재용으로 좋다. 분화용, 절화용, 약용 식물원으로도 심으면 좋다.

10. 매발톱꽃

1) 이름과 식물학적 특성

학 명	*Aquilegia buergeriana* var. *oxysepala*	영 명	Columbine, Aquilegia
생약명	루두채(樓斗菜)	일본명	オオヤマォダマキ(o-yama-odamaki)
과 명	미나리재비과	유사종	노랑매발톱, 하늘매발톱
		분 포	전국

햇볕이 잘 드는 계곡에서 자라는 다년초로 높이 50~100cm이고 우시 부분이 다소 갈라진다. 근생엽은 엽병이 길며 2회 3출엽이고 소엽은 넓은 쐐기형이며 2~3개씩 얕게 갈라지고 다시 2~3개씩 갈라지며 열편은 끝이 둥글고 양면에 털이 없으며 뒷면이 분백색이다. 경생엽은 3개로 윗부분의 것일수록 엽병이 짧고 작으며 엽병은 밑부분이 넓고 막질이다. 꽃은 6~7월에 피며 지름 3cm 정도로 갈자색

에 가지 끝에서 밑을 향해 달리며 꽃받침 잎은 5개로 길이는 2cm 정도이다. 꽃잎은 길이 12~15mm로 누른빛이 돌고 거는 꽃잎과 길이가 비슷하며 안쪽으로 말리고 골돌은 5개이며 털이 있다. 꽃이 연한 황색인 것을 노랑매발톱(*Aquilegia buergeriana* var. *oxysepala f. pallidiflova)*)이라고 한다.

2) 재배학적 특성

(1) 번식방법

매발톱꽃은 씨앗으로 번식을 하는데, 발아율이 높고 웬만한 가뭄에도 생명력이 강하기 때문에 많은 자생식물 중에서 가장 재배하기가 쉬운 것 중의 하나이다.

(2) 정원재배와 분화재배

부식질이 풍부하고 물빠짐 만 좋으면 어디에 심어도 잘 자란다. 원줄기의 큰 땅속 줄기부분이 과습하게 되면 썩기 쉬우므로 물빠짐이 좋은 흙에 심어야 한다는 것을 잊지 않도록 한다. 크고 깊은 화분에 많은 그루를 심는 것이 보기에 좋다. 봄과 가을은 빛이 잘 드는 곳에 두고 여름은 반그늘에 둔다. 분화용일 경우 겨울철은 활엽수 나무 밑에 화분을 묻어주면 좋다. 물은 여름철은 매일 아침에 주고, 가을과 봄은 2일에 한 번, 겨울은 4~5일에 한 번씩 준다. 비료를 좋아하므로 원예용 복합 비료를 봄에 한 찻숟가락 정도 올려 놓아주고 본잎이 2~3장 되면 액체 비료를 열흘에 한 번 간격으로 주며 가을에도 비료를 준다. 옮겨심기는 일 년에 한 번 발아 전, 10~11월경에 한다. 포기나누기가 어려우므로 씨앗으로 증식한다. 진딧물 피해가 큰데, 늦봄부터 진딧물 약으로 적당히 방제하면 튼튼하게 잘 자란다.

3) 이용

지피식물로 이용하며 매우 좋으며 화단식재용은 물로 절화용으로 재배하여도 좋다.
소박한 재질의 분화로 심어도 좋고 플라워 박스에 심어 재배하여도 좋다.

11. 맥문동

1) 이름과 식물학적 특성

학 명	*Liriope platyphylla*	영 명	Broadleaf liriope
생약명	맥문동(麥門冬)	일본명	ヤブラン(yabu-ran)
과 명	백합과	유사종	소엽맥문동, 개맥문동, 맥문아재비
		분 포	중부이남 산지, 일본, 중국

산지의 나무 그늘에서 자라는 다년초로서 근경은 굵고 딱딱하며 옆으로 뻗지 않고 수염뿌리의 끝이 땅콩처럼 굵어지는 것도 있다. 잎은 짙은 녹색이며 밑에서 총생하고 길이 30~50cm, 너비 8~12mm로 끝이 뾰족해지다가 둔해지기도 하며 11~15맥이 있고 밑부분이 가늘어져 잎자루 비슷하게 된다. 꽃은 5~6월에 피며 꽃줄기는 길이 30~50cm이고 꽃이 3~5개씩 마디마다 모여 달리며 꽃

차례는 길이 8~12cm이다. 소화경은 길이 2~5mm이고 꽃 밑부분 또는 중앙 윗부분에 관절이 있으며 화피 열편은 6개로서 연한 자주색이다. 수술은 6개이고 수술대는 구불구불하며 암술대는 1개이고 열매는 얇은 껍질이 일찍 벗겨지면서 검은 종자가 노출된다.

2) 재배학적 특성

(1) 번식방법

종자 파종과 3~4년마다 분주하여 번식한다.

(2) 정원재배

부식질이 약간 있는 사토에서 잘 자라고 비교적 토양을 가리지 않는다. 내음성이 강한 식물이지만 양지에서도 잘 자란다. 노지에서 월동이 가능하다. 내건성 식물이지만 습기가 있는 토양에서 더 잘 자란다. 그러므로 충분한 관수가 필요하다. 환경에 강하고 이식도 쉽게 된다.

3) 이용

덩이뿌리를 소염, 강장, 진해, 거담 및 강심제로 사용한다.

화분에 재배하여 관상하거나 절화용으로도 쓰이고 정원의 나무 그늘에 군락지어 키운다.

12. 벌개미취

1) 이름과 식물학적 특성

학 명	*Aster koraiensis*	영 명	Korean starwort
생약명	자원(紫苑)	일본명	コウライシオン(korai-shion)
과 명	국화과	유사종	개미취, 좀개미취, 갯개미취
		분 포	전국

습지에서 자라는 다년초로 높이 50~60cm에 근경이 옆으로 뻗으며 곧추 자라고 줄기에 파진 홈과 줄이 있으며 근생엽은 꽃이 필 때쯤 되면 없어진다. 잎은 호생하고 피침형이며 끝이 뾰족하고 길이 12~19cm, 너비 1.5~3cm로 밑부분이 점차 좁아져서 엽병처럼 되며 질이 딱딱하고 양면에 털이 거의 없으며 가장자리에 잔톱니가 있고 위로 올라갈수록 점차 작아져서 선형(線形)으로 되며 길

이 4~5mm이다. 꽃은 6~10월에 피고 지름 4~5cm로 연한 자주색이며 가지 끝과 원줄기 끝에 달리고 총포는 반구형이며 길이 13mm, 지름 8mm이다. 포편은 4줄로 배열되고 외편은 길이 4~5mm, 너비 1.5mm로 긴 타원형에 둔두이고 가장자리에 털이 있으며 설상화의 화관은 길이 26mm, 너비 3.5~4mm이다.

삭과는 길이 4mm, 지름 1.3mm로 도피침형 긴 타원형이고 털이 없으며 관모도 없다.

2) 재배학적 특성

(1) 번식방법

토질은 별로 가리지 않고 잘 자라기 때문에 재배도 쉽다. 번식은 실생, 포기나누기 어느 것이나 잘 되는데 필요에 의해서 선택한다. 정식 후 당해 연도에 꽃을 보기 위해서는 포기나누기가 바람직하지만 대량재배를 위해서는 실생으로 번식을 한다. 파종은 이른 봄에 하는 것이 좋은데 이식은 가을(9월 중순~10월 중순)에 한다. 육모 상 관리가 까다롭지 않다. 여느 식물이나 마찬가지겠지만 벌개미취 역시 번식을 위한 어미그루로 사용하기 위해서는 채종을 할 것이냐 아니면 포기나누기를 할 것이냐를 결정하여 채종을 목적으로 한 그루는 결실이 잘 되도록 칼리 또는 인산 비료를 많이 주고 포기나누기를 할 어미그루는 꽃이 피지 못하게 하고 뿌리의 발달을 돕는 지혜가 필요하다.

(2) 정원재배와 분화재배

구절초와 함께 우리나라 가을의 대표적인 꽃으로 집단재배용으로 인기가 높다. 재배요건도 까다롭지 않고 잎도 풍성하기 때문에 지피 처리용으로서도 타 식물에 비해 손색이 없다. 따라서 정원 재배 시에는 별 어려움이 없으나 절화용으로 재배할 때는 키가 적어도 80cm 이상 자라야 하기 때문에 쓰러지는 것을 방지하기 위해 그물을 2~3단으로 쳐주는 것이 좋다. 분화로 재배 할 때는 일반 초화류 분경관리에 맞추어 해주면 되나 다만 키가 크지 못하도록 순 자르기를 게을리 해서는 안 된다. 병충해도 거의 없다.

3) 이용

어린순을 나물로 한다. 지하부의 근경이 대단히 왕성하여 노출된 절개사면, 척박지 등에 식재하면 토양 고정 능력이 탁월하여 토사 유출 방지 효과가 좋다. 사방공사용 소재, 도로 주변의 화단 식재용의 소재로 좋다. 지피식물로 군락지어 심으면 더욱 좋다. 4~6월에 채취한 어린싹은 식용으로도 좋다. 절화용으로도 쓰인다.

13. 부들

1) 이름과 식물학적 특성

학　명　*Typha orientalis*
생약명　포황(蒲黃)
과　명　부들과
영　명　Oriental cattail
일본명　コガマ(gama)
유사종　꼬마부들, 애기부들, 큰잎부들
분　포　전국, 일본, 중국

연못가와 습지에서 자라는 다년초로서 근경(根莖)은 옆으로 뻗고 백색이며 수염뿌리가 있다. 원줄기는 원주형(圓柱形)이고 높이 1~1.5m로 털이 없으며 밋밋하다. 잎은 선형이고 길이 80~130cm, 너비 5~10cm에 털이 없으며 밑부분이 원줄기를 완전히 둘러싼다. 꽃은 7월에 피고 웅화수(雄花穗)는 윗부분에 달리며 길이 3~10cm이고 자화수는 바로 밑에 달리며 길이 6~12cm이다. 화수에 달린 포는

2~3개로 일찍 떨어진다. 꽃에는 화피가 없으며 밑부분에 수염 같은 털이 있고 수꽃은 황색으로 꽃가루가 서로 붙지 않는다. 암꽃은 소포가 없으며 씨방에 대가 있고 암술머리는 주걱 비슷한 피침형으로 씨방 밑에서 돋은 털과 길이가 비슷하다. 과수는 길이 7~10cm로서 장타원형이며 적갈색이다.

2) 재배학적 특성

(1) 번식방법

종자로 번식하며 3~4년마다 분주해야 한다.

(2) 정원재배

부식질이 많은 점질토양의 습지에서 잘 자라며 양지식물로서 노지에서 월동이 가능하고 물가에서 자라기에 건조하면 안 된다. 환경에 강하고 이식하기 쉽다.

3) 이용

과수(果穗)와 잎은 꽃꽂이 소재로 많이 쓰이고 건조화로 쓰이기도 한다.

연못이나 수재 화단에 이용되며 오염 하수구 주변에 심으면 수질 정화에 좋고 잎은 공예품이나 방석을 만들고 화분은 지혈, 통경, 이뇨제로 사용된다.

14. 부처꽃

1) 이름과 식물학적 특성

학 명	*Lythrum anceps*	영 명	Twoedged loosestrife
생약명	천굴채(千屈菜)	일본명	ミソハギ(miso-hagi)
과 명	바늘꽃과	유사종	털부처꽃, 좀부처꽃
		분 포	전국, 일본, 유럽

습지 및 냇가에서 자라는 다년초로서 높이가 1m에 달하고 곧추 자라며 많이 갈라진다. 잎은 대생하고 피침형이며 가장자리가 밋밋하고 원줄기와 더불어 털이 없으며 잎자루도 거의 없다. 꽃은 7~8월에 피고 잎겨드랑이에 3~5개가 취산상으로 달리며 마디에 윤생한 것처럼 보이고 포는 보통 옆으로 퍼지며 밑부분이 좁고 넓은 피침형 또는 난상 장타원형이다. 꽃받침은 능선이 있는 원주형으로서 윗

부분이 6개로 얕게 갈라지며 갈라진 중앙에 있는 부속체는 옆으로 퍼지고 꽃잎은 6개로서 꽃받침통 끝에 달리며 긴 도란형이다. 수술은 12개로 길고 짧은 것이 있고 삭과는 꽃받침통 안에 들어 있다.

2) 재배학적 특성

(1) 번식방법

9~10월경에 채취한 종자를 채종하여 곧바로 채파하면 이듬해 봄에 발아하는데 발아 한 어린 묘는 6월 초에 이식해 주면 당년에도 개화가 가능할 수 있다.

(2) 정원재배

성질이 매우 강건하여 재배하기 쉬운 식물이다. 양지에서 재배하는 것이 좋으며 강한 광선 하에서도 잘 자란다. 보습성이 좋고 비옥한 토양에서 더욱 잘 자란다. 그러나 너무 비옥한 토양에서는 재배하거나 잦은 시비는 식물의 도장과 대형화로 관상가치가 떨어지고 도복하기 쉽다. 건조한 곳에서도 잘 자라는데 지하부가 굵게 자랄 수 있다.

3) 이용

전초에 타닌 및 살리카린이 들어 있으며 지사제로 사용한다.

7~11월까지 개화하므로 관상 기간이 길어 관상식물로 아주 좋다. 습기가 많은 척박지의 녹화용으로 심으면 좋다. 또한 하천 주변의 강변 공원 등과 같이 침수가 잦고 습기가 많은 곳의 식재용으로 좋다. 건조한 절개사면 등에 식재하면 지하부 뿌리가 강건해지므로 토양 고정 효과도 좋으며 절화용으로도 좋다.

15. 붓꽃

1) 이름과 식물학적 특성

학　명 *Iris sanguinea*
생약명 연미(鳶尾)
과　명 붓꽃과

영　명 Iris, Blue flag
일본명 アヤメ(ayame)
유사종 각시붓꽃, 노랑붓꽃, 금붓꽃, 난장이붓꽃, 솔붓꽃, 타래붓꽃, 부채붓꽃, 제비붓꽃
분　포 전국, 일본, 만주, 몽골

높이가 60cm에 다하는 다년초로 근경은 옆으로 뻗으면서 새싹이 나오며 잔뿌리가 많이 내린다. 원줄기는 총생(叢生)하고 밑부분에 적갈색 섬유가 있다. 잎은 곧추 서며 길이 30~50cm, 너비 5~10mm로 융기한 맥이 없고 밑부분이 엽초 같으며 붉은빛이 도는 것도 있다. 꽃은 5~6월에 피고

지름 8cm로 자주색이며 화경 끝에 2~3개씩 달리고 잎 같은 포가 있으며 끝의 포는 선상(線狀) 피침형이고 길이 5~6cm로 녹색이며 뾰족하다. 소포는 포보다 긴 것도 있고 소화경은 길이 2~4cm로 소포보다는 짧지만 자방보다는 길다. 외화피(外花被)는 넓은 도란형이며 밑부분의 돌기에 옆으로 달린 자주색 맥이 있고 내화피(內花被)는 곧추 서며 작다. 수술은 3개이고 꽃밥은 흑자색으로 밖을 향하여 암술대의 가지가 다시 2개로 갈라지고 열편이 다시 잘게 갈라진다. 삭과는 대가 있으며 길이 3.5~4.5cm의 3개의 능선(稜線)이 있고 방추형(紡錘形)이며 종자는 갈색이고 삭과 끝이 터지면서 나온다. 민간에서 근경을 개선(疥癬)등의 피부병에 사용한다.

2) 재배학적 특성

(1) 번식방법

꽃창포의 종자는 9월경에 익는데 여느 자생식물과 마찬가지로 채종 즉시 파종하는 것이 발아율을 높이는 비경이다. 파종상이 건조하면 발아율이 떨어짐에 유의하여 늘 촉촉하게 해주어야 한다. 파종 후 15~20일이 경과하면 발아한다. 이듬해 봄에 파종할 때는 가을 채종 후 노천에 매장했다가 파종해야 발아율이 높다. 실생일 경우 3년 만에 꽃이 핀다.

(2) 정원재배

꽃창포는 분화용으로는 잘 재배하지 않고 주로 화단이나 정원의 집단 재배용으로 많이 사용한다. 전국의 습지에 고루 분포하는 만큼 조금 습하게만 해주면 어디서라도 기르기가 쉽다. 따라서 비옥한 토질에서는 비료가 필요치 않을 만큼 잘 자란다. 다만 절화용으로 재배할 목적이라면 꽃대가 적어도 80cm 이상은 나와야 하므로 늦가을이나 이른 봄 싹이 트기 전 퇴비를 많이 주고 꽃이 피기 20일 전쯤에 산질이 많은 원예용 복합비료를 주면 꽃이 실하게 핀다.

3) 이용

분경 또는 분화용으로는 난장이붓꽃, 석창포, 각시붓꽃 등이 많이 사용된다.

절화용, 화단용, 고산식물원, 수생식물원, 습지원, 암석원에도 좋다.

16. 산국

1) 이름과 식물학적 특성

학 명	*Chrysanthemum boreale*	영 명	Indian chrysanthemum
생약명	야국화(野菊花)	일본명	アブラギク(abura-giku)
과 명	국화과	유사종	감국
		분 포	전국, 일본, 중국 북부, 시베리아

다년초로서 높이 1~1.5m이고 가지가 많이 갈라지며 흰 털이 많다. 잎은 호생하고 밑부분의 것은 꽃이 필 때 쓰러지며 중앙부의 것은 장타원상 난형이고 길이 5~7cm, 너비 4~6cm로 밑부분이 다소 심장저이거나 절저이며 깃처럼 갈라지고 열편은 크기가 거의 비슷하며 장타원형이고 둔두이며 가장자리에 예리한 결각상의 톱니가 있고 잎자루는 길이 1~2cm이다. 측열편은 2쌍으로서 열편 사이가

넓으며 표면에 털이 약간 있고 뒷면에 중간에서 붙은 털이 있다. 꽃은 9~10월에 피며 지름 1.5cm로 가지 끝과 원줄기 끝에 산형 비슷하게 달리고 총포는 길이 4mm, 지름 8mm이며 포편은 3~4줄로 배열되고 외편은 선형 또는 장타원형으로 겉에 털이 있으며 내편은 장타원형이고 가장자리가 얇다. 설상 꽃부리는 길이 5~7mm로 황색이며 통상 꽃부리는 끝이 5개로 갈라지고 수과는 길이 1mm 정도이다. 꽃의 지름이 2.5cm이고 산방상으로 달리는 것을 감국(*C. indicum* L.)이라고 한다.

2) 재배학적 특성

(1) 번식방법

가을에 채취한 종자를 이름 봄에 파종하면 발아가 잘된다. 가을이나 이른 봄에 분주에 의해 증식이 가능하고 연중 삽목하여 증식해도 되나 특히 이른 봄철에 올라오는 동지아를 삽목하면 당년에 개화도 된다.

(2) 정원재배

햇빛이 잘 드는 양지에서 재배한다. 토양은 특별히 가리지 않으나 너무 비옥한 토양이나 잦은 시비관리는 식물체를 도장하게 만들고 하엽이 지기 쉬우므로 조심해야 한다. 특별히 병충해는 없으나 가끔 진딧물의 피해가 있다.

3) 이용

꽃을 두통 및 현기증에 사용하고 어린순은 나물로 한다.

분화로 많이 이용하고 분재의 소재로 좋다. 도로 주변에 심거나 화단에 심어도 좋다.

17. 앵초

1) 이름과 식물학적 특성

학　명 *Primula sieboldii*
생약명 앵초(櫻草)
과　명 앵초과

영　명 Primrose bird's eye primrose, Siebold primrose
일본명 サクラソウ(sakura-so)
유사종 큰앵초, 설앵초, 좀설앵초, 돌앵초
분　포 우리나라 전국, 일본, 중국 동부, 시베리아

냇가 근처와 같은 습지에서 자라는 다년초로 근경이 짧고 옆으로 비스듬히 서며 잔뿌리가 내린다. 잎은 모두 뿌리에서 총생하고 엽병은 엽신(葉身)보다 1~4배 길며 연한 털이 있고 엽신은 난형 또는 타원형의 길이 4~10cm, 너비 3~6cm로 털이 있고 표면이 주름이 지며 가장자리가 얕게 갈라지고 열편에 톱니가 있다. 꽃은 4월에 피며 홍자색으로 화경은 높이 15~40mm로 털이 있으며 끝에 7~20개의 꽃이 산형으로 달리고 총포편은 피침형이며 소화경은 길이 2~3cm로 돌기 같은 털이 산생(散生)한다. 꽃받침은 통형이고 길이 8~12mm로 5개로 갈라지며 열편은 피침형이고 끝이 뾰족하며 꽃받침 길이의 1/2~2/3이다. 화관은 지름 2~3mm이고 통부는 길이 10~13mm로써 끝이 5개로 갈라져서 수평으로 펴지며 끝이 파여진다. 삭과는 원추상 편구형(扁球形)이고 지름 5mm 정도이다.

2) 재배학적 특성

(1) 번식방법

번식방법은 포기나누기가 안전하고 확실하다. 실생은 습한 모래와 함께 플라스틱 용기에 넣어 냉장고에 5도 정도에 보관하여 이듬해 3월에 이끼에 파종하면 발아가 잘되는데, 씨앗이 건조하면 발아가 되지 않으므로 주의해야 한다.

(2) 정원재배와 분화재배

앵초는 낙엽이 지기 시작하는 가을부터 이듬해 장마가 시작할 6월경까지는 아침 해가 잘 들고 통풍이 잘 되는 곳에서 관리하고 더운 여름철에는 반그늘 음지에서 비를 많이 맞지 않도록 하여 재배하는 것이 중요하다. 앵초를 재배하다 보면 여름철에 실패할 경우가 많은데 그 까닭은 고온 다습을 싫어하기 때문이다. 물은 생육 기간 중에는 아침 또는 저녁에 한 번씩 흠뻑 주고 휴면 중에서는 흙이 마르지 않도록 관수한다. 거름은 인산과 칼륨 성분이 많은 액체 비료를 1,000~1,500배로 하여 7~8일 간격으로 물을 대신하여 아침에 주는 것이 이상적이며 가급적 고온 다습기 즉, 여름에는 주지 않는 것이 좋다. 옮겨 심는 시기는 3~4월이 적기이며 이때 사용하는 흙은 매년 새로운 흙으로 교체해야 한다. 병충해는 연부병, 곰팡이병, 백견병 등이 자주 발견되지만 베노빌, PCNB 등의 치료약으로 가능하다. 여름철 발병은 절망적이다.

3) 이용

수변에 심으면 좋고 낙엽수 밑의 지피 식물로 심으면 좋다. 화단이나 화분에 심어 분재로 감상하기 좋다. 지하부를 채취하여 말린 것을 앵초근이라 하여 생약재로도 이용한다.

18. 억새

1) 이름과 식물학적 특성

학 명	*Miscanthus sinensis var. purpurascens*	영 명	Miscanthus
생약명	망근(芒根)	일본명	ススキ (susuki)
과 명	벼과	유사종	물억새, 참억새
		분 포	전국

흔히 자라는 다년초로 높이 1~2m으로 근경은 굵으며 옆으로 뻗는다. 잎은 밑부분이 원줄기를 완전히 둘러싸고 너비 1~2cm로 선형이며 가장자리의 잔톱니가 딱딱하고 표면은 녹색이며 주맥은 백색이고 털이 있는 거소도 있다. 꽃은 9월에 피며 화수는 길이 20~30cm이고 중축은 꽃차례 분지 길이의 1/2 이하이다. 가지는 길이 15~30cm 정도이며 소수는 대가 있는 것과 없는 것이 1마디에 1쌍씩

달리고 길이 5~7mm이며 다발 털은 길이가 7~12mm이다. 포영은 약간 딱딱하고 끝이 뾰족하며 가장자리와 끝이 얇고 내영은 끝이 2개로 갈라지며 길이 8~15mm의 까락이 돋는다. 잎이 얼룩진 것이 얼룩억새(for. *variigatus*), 잎의 너비가 5mm 정도인 것이 가는잎억새(for. *garacillimus*), 소수가 연한 황색인 것이 기본종이고 자주색인 것이 참억새(for. *purpurascens*)이다.

2) 재배학적 특성

(1) 번식방법

종자번식과 분주번식이 가능하다.

(2) 정원재배

배수가 잘되는 사양토에서 잘 자란다. 양성식물로 노지에서 월동이 가능하고 건조에 약하나 죽지는 않지만 충분한 관수를 해야 관상 가치가 좋아진다.

3) 이용

정원에 심어 관상하거나 공원과 같은 넓은 공간의 군락으로 심는다. 뿌리를 이뇨제로 사용한다.

19. 옥잠화

1) 이름과 식물학적 특성

학 명	*Hosta plantaginea*	영 명	Hosta, Fragrant pantain lily
생약명	옥잠화(玉簪化)	일본명	マルバタマノカンザシ(tamano-kanzasi)
과 명	백합과	유사종	산옥잠화, 비비추, 주걱비비추, 참비비추, 좀비비추, 일월비비추
		분 포	우리나라 전국

중국이 원산지이고 널리 재배하고 있는 다년초로 근경이 굵다. 잎은 엽병이 길며 길이 15~22cm, 너비 10~17cm의 녹색이고 난원형이며 끝이 갑자기 뾰족해지고 밑 부분은 심장저이며 가장자리는 파상으로서 8~9쌍의 맥이 있고 밋밋하다. 화경은 길이 40~56cm로 1~2(4)개의 포가 달리며 꽃은 총상으로 달리고 포는 2개이며 밑의 것은 길이 3~8cm로 긴 난형 또는 난상 피침형이고 녹색이다. 화관

통부는 깔때기 모양이며 길이 11.5cm 정도이고 수술은 화피와 길이가 비슷하다. 삭과는 삼각 상 원주형이며 길이 6.5cm, 지름 7~8mm로 밑으로 처지고 종자는 가장자리에 날개가 있다. 잎이 보다 길고 폭이 좁으며 열매를 맺지 못하는 것을 긴옥잠화(var. *japonica*)라고 한다.

2) 재배학적 특성

(1) 번식방법

① 실생법 : 가을철 결실 후 채종하여 즉시(일주일 이내) 파종하는 것이 발아율도 높일 수 있을 뿐만 아니라 개화기도 1년을 앞 당길 수 있기 때문에 바람직하다. 이듬해 봄에 씨를 뿌려도 발아율만 약간 떨어질 뿐 별반 문제는 없다. 파종 시에는 모래에 섞어 육묘상자에 파종하는 것이 이상적으로 발아까지는 20일 정도가 걸리며 본잎이 5장 정도 될 때 정식한다.

② 분주법 : 옥잠화의 분주는 휴면기, 즉 10월 하순부터 이듬해 봄까지가 적기인데 특히 3월경이 좋다. 포기당 눈은 2~3개가 적당하며 가능하면 발근 촉진제(루톤액 등) 처리를 해주면 뿌리내림이 더욱 잘된다.

(2) 정원재배와 분화재배

재배적지로는 배수가 잘되고 부식질이 많은 사질양토가 좋으며 전국 어디서나 재배가 잘된다. 지금까지는 정원용으로 주로 노지에 심어 관리해 왔으나 수출을 목적으로 대량 생산을 하기 위해서는 피트모스를 혼합한 인공배양토에 포트 재배를 하는 것이 바람직하다.

다비성 식물이므로 퇴비를 충분히 주어야 하는데, 식재하기 전 300평당 퇴비 1,300kg, 계분 300~400kg, 복합비료 150~200kg을 살포한 후 깊게 갈아서 두둑을 지어 정식을 한다. 식재 간격은 30~40cm가 이상적이다. 여름철 직사 광선을 가려주어야 함에 유의해야 한다. 화단, 정원에서는 키 큰 나무 아래 그늘에 심는 것이 좋다. 심기 전에 퇴비 등을 충분히 준 뒤에 심고 절엽용으로 사용할 경우 톱밥이나 분쇄목으로 멀칭을 하면 더 좋은 상품을 생산할 수 있다. 화분에 심어 감상할 때는 일반 분화관리 요령에 맞추어 해주면 된다.

3) 이용

화단용이나 woodland garden용, 지피식물, 향료원으로 심는다.

20. 용담

1) 이름과 식물학적 특성

학 명	*Gentiana scabra*	일본명	リンドウ(rindo)
생약명	용담(龍膽)	유사종	산용담, 큰용담, 칼잎용담, 진퍼리용담, 비로용담, 흰그늘용담, 구슬붕이, 본구슬붕이, 큰구슬붕이
영 명	Gentian	분 포	전국 산지

산지(山地)에서 자라는 다년초로 높이가 20~60cm이고 4개의 가는 줄이 있으며 근경이고 굵은 수염뿌리가 있다. 잎은 대생하며 엽병이 없고 피침형이며 예두 원저이고 길이 4~8cm, 너비 1~3cm로 3맥이 있으며 표면은 녹색이고 뒷면은 연한 녹색이며 가장자리는 밋밋하지만 파상으로 된다. 꽃은

8~10월에 피고 길이 4.5~6cm로 자주색이며 화경이 없고 윗부분의 엽맥과 끝에 달리며 포는 좁은 피침형이다. 꽃받침 통은 길이 12~18mm이고 열편이 고르지 않으며 선상 피침형으로 통부보다 길거나 짧고 화관은 종형이며 가장자리가 5개로 갈라지고 열편 사이에 부편(副片)이 있으며 수술은 5개로 화관 통에 붙어 있고 1개의 암술이 있다. 삭과는 시든 화관과 꽃받침이 달려 있으며 대가 있고 종자는 넓은 피침형으로 양 끝에 날개가 있다.

2) 재배학적 특성

(1) 번식방법

용담은 종자 파종하는 것이 가장 바람직하다. 파종 후 3년 만에 개화하는데 가을에 채종하여 고운 모래 또는 인공 배양토 피트모스와 펄라이트를 적당히 섞은 토양에 파종하면 좋다. 꺾꽂이도 잘되는데 시기는 5~6월에 끝 순으로부터 5~7cm 크기로 잘라 고운 모래와 꺾꽂이용 토양에 3cm 정도의 길이로 밑부분에 발근촉진제(루톤 등)를 처리하여 꽂는다. 약 20일 정도 경과하면 밑부분에서 뿌리가 내리기 시작한다. 그 외에 포기나누기가 있는데 많은 양을 늘릴 때에는 부적합하지만 활착률은 높으며 적기는 봄 또는 가을이다.

(2) 정원재배와 화분재배

용담은 재배하기가 조금 까다롭다. 때문에 화분 재재에 있어서는 물주기에 특히 주의하여야 한다. 봄, 가을철에는 햇볕이 잘 드는 곳에 두고 여름철은 정오 이후에는 40% 정도의 차광을 해주는 것이 생육에 좋다. 화분용으로 재배 할 때에는 20cm 정도 자랐을 때 순자르기를 해주면 키는 크지 않으면서 꽃대가 여러 개가 나오므로 많은 꽃을 볼 수 있다.

화분재배 시 물은 봄과 가을에는 이틀에 한 번 정도, 여름철에는 매일 아침에 충분히 주고 겨울에도 뿌리가 마르지 않도록 일주일에 1회 정도씩 준다. 화단이나 정원용은 건조 상태를 보아가며 너무 과습하거나 건조하지 않게 적당히 주고 비료는 화분 재배 시에는 옥비(玉肥 : 고형비료)를 이른 봄부터 개화직 전까지 화분 위에 올려 놓거나 액비를 개화 전까지 20일에 한 번씩 적당량 희석하여 살포해 준다. 다만 절화용으로 재배할 때에는 줄기가 튼튼하면서도 1m 이상 자라게 해야 하므로 퇴비를 봄철에 움이 트기 전에 300평당 1,200~1,400kg 주고, 자라면서 원예용 복합 비료를 300평당 120kg씩 2회에 걸쳐서 준다. 그러나 비료는 재배 장소의 토질에 따라 그 양을 가감해야 된다.

뿌리가 비대하여 언제나 이식이 가능하지만 가을에 잎이 지고 난 후와 봄철에 싹이 트기 전이 가장 이상적이다. 화분 재배 시에는 2년에 1회 정도씩 가을에 분갈이를 해준다.

3) 이용

뿌리를 용담이라고 하며 건위제로 사용한다. 낙엽성 교목 하부의 지피용 식물로 좋고 화단용이나 절화용으로도 좋다. 큰 화분에 여러 그루를 모아 심어 분재로 쓰여도 좋으며 암석원에도 좋다.

21. 원추리

1) 이름과 식물학적 특성

학 명	*Hemerocallis fulva*	일본명	ホンクワンゾウ(honkuwanzou)
생약명	훤초(萱草)	유사종	각시 원추리, 왕원추리, 골잎원추리, 홍도원추리, 큰원추리, 애기원추리, 노랑원추리
과 명	백합과	분 포	전국, 중국, 일본
영 명	Daylily, Dog lily, Orange daylily, Tawny daylily, Fulvous daylily		

관상용으로 심고 있는 다년초로서 뿌리가 방추형(紡錘形)으로 굵어지는 괴근(塊根)이 있다. 잎은 길이 60~80cm, 너비 1.2~2.5cm로 밑에서 2줄로 대생하고 끝이 둥글게 뒤로 젖혀지며 흰빛이 도는 녹색이다. 화경은 높이 1m로 끝에서 짧은 가지가 갈라지고 6~8개의 꽃이 총상으로 달리며 포는 선

상 피침형이고 길이 2~8cm로 윗부분의 것은 가장자리가 막질이다. 소화경은 길이 1~2cm로 밑부분이 화축(花軸)에 붙어 있으며 꽃은 등황색이고 길이 10~13cm이며 통부는 길이 1~2cm이다. 내화피는 긴 타원형이고 둔두이며 너비 3~3.5cm로 가장자리가 막질이다. 수술은 6개이고 통부 위 끝에 달리며 꽃잎보다 짧고 꽃밥은 선형으로 황색이다.

1) 재배학적 특성

(1) 번식방법

원추리는 약간 미숙과를 채종하여 바로 직파해도 발아율이 높을 뿐 아니라 적응력이 또한 뛰어나기 때문에 마음 먹은 대로 번식이나 증식을 시킬 수 있어 어떻게 보면 재배하는 멋과 맛은 없어 보이는 품목이다. 실생묘는 3년 만에 꽃이 핀다. 포기나누기 방법으로도 증식이 잘될 뿐만 아니라 활착률도 높다.

(2) 정원재배와 분화, 절화재배

원추리는 생태상으로는 약간 그늘진 곳과 적당한 습지를 좋아하는데 정원이나 절화로서의 용도에 맞도록 재배할 경우 별 어려움 없이 전국 어디서나 생육이 잘된다.

다만 절화를 목적으로 재배할 경우 꽃대가 적어도 80cm 이상 나오게 하는 것이 상품으로서의 가치가 높기 때문에 거름을 많이 주어 튼튼하게 키운다. 또 개화기가 가까이 올수록 꽃대에 진딧물이 많이 생기는데 약재로 간단히 퇴치할 수가 있다.

3) 이용

봄철에 어린순을 나물로 하며 뿌리를 이뇨, 지혈 및 소염제로 사용한다. 군락으로 지피식물로 식재하면 좋고 경관 조경에도 효과적이다.

22. 참나리

1) 이름과 식물학적 특성

학 명	*Lilium lancifolium*	영 명	Tiger lily
생약명	권단(卷丹)	일본명	オニユリ(oni-yuri)
과 명	백합과	유사종	하늘말나리, 섬말나리, 말나리, 날개하늘나리, 하늘나리, 솔나리, 큰솔나리, 땅나리, 털중나리, 중나리, 백합
		분 포	전국

산야에서 자라는 다년초로 높이 1~2m이며 흑자색이 돌고 흑자색 점이 있으며 어릴 때는 백색 털로 덮인다. 인경은 지름 5~8cm로 둥글고 원줄기 밑에서 뿌리가 나온다. 잎은 호생하며 다닥다닥 달리고 길이 5~19cm, 너비 5~15mm로 피침편이며 짙은 갈색의 주아(珠芽)가 엽맥이 달린다. 꽃은

7~8월에 피고 가지 끝과 원줄기 끝에 4~20개가 밑을 향해 달린다. 화피열편은 피침형 또는 넓은 피침형이며 길이 7~10cm로써 짙은 황적색 바탕에 흑자색 점이 산포하고 뒤로 말린다. 밀구(蜜溝)에 짧은 털이 있으며 6개의 수술과 암술이 꽃 밖으로 길게 나오고 암술대는 길며 꽃밥은 짙은 적갈색이다.

2) 재배학적 특성

(1) 번식방법

참나리의 번식은 줄기의 잎겨드랑이 달린 흑자색 주아를 파종하면 쉽게 번식을 시킬 수 있고 인편번식으로도 가능하다. 주아로 번식 시킬 때는 채종한 주아를 번식 상자에 2~3cm 길이로 심고 약간 습하게 관리하면 움이 터서 새로운 포기로 자라난다. 인편번식을 할 때는 비늘인편을 한 개씩 뜯어서 흙이나 부엽토 또는 육묘용 토양에 심은 후 3~4년 정도가 지나면 비늘편이 비대해지면서 한 그루의 어미그루가 되어 꽃이 피게 된다.

(2) 시비

거름 주는 방법은 싹이 나오기 전에 또는 가을에 퇴비를 덮어 주고 꽃이 피기 전에 액비를 2~3차례 살포해 주면 꽃 붙임도 좋아지고 주화도 굵어진다. 참나리의 절화 목적 재배에는 생육에 따라 쓰러지지 않도록 그물망을 2~3겹으로 쳐주고 거름을 많이 주워 키가 1m 이상 자라도록 해야 한다.

3) 이용

인경은 영양 및 강장제로 사용하고 민간에서 진해제로 사용한다.

정원이나 노지 화단에 군식하여 식재하거나 큰 화분에 식재하여 감상하면 좋다.

절화용으로도 좋고 구근은 식용으로도 쓰인다. 특히 키가 크게 자라므로 다른 자생식물과 함께 혼식하면 입체화단을 조성할 수 있다. 구근원으로도 심는다.

23. 초롱꽃

1) 이름과 식물학적 특성

학 명	*Campanula punctata*	영 명	Campanula, Centerbury
생약명	자반풍령초(紫班風鈴草)	일본명	ホタルブクロ(hotaru-bukuro)
과 명	초롱꽃과	유사종	섬초롱꽃, 자주꽃방망이
		분 포	전국 산지, 일본, 동부시베리아

다년초로 높이는 40~100cm이고 전체에 퍼진 털이 있으며 흔히 옆으로 자라는 포복지가 있다. 근생엽은 엽병이 길고 난상 심장형이며 경생엽은 날개가 있는 엽병이 있거나 없고 삼각상 난형 또는 넓은 피침형이며 뾰족한 끝이 둔하게 그치고 밑부분이 둥글거나 좁으며 길이 5~8cm, 너비 1.5~4cm로 가장지리에 불규칙하고 둔한 톱니가 있다. 꽃은 6~8월에 피고 백색 또는 연한 홍자색 바탕에 짙은 반

점이 있으며 긴 화경 끝에 길이 4~5cm의 종 같은 꽃이 달려 밑으로 처진다. 꽃받침은 녹색이고 5개로 갈라지며 털이 있고 열편 사이에 뒤로 젖혀지는 부속체가 있으며 수술은 5개이고 암술은 1개이다. 짙은 자주색 꽃이 피는 것을 자주초롱꽃(var. *rubriflora*)라고 하며 산양(山羊)과 강구(江口) 사이에서 자란다.

2) 재배학적 특성

(1) 번식방법

금강초롱이나 흰금강초롱 등 고산성을 제외하고 종자번식이 아주 잘된다. 정원재배나 분화재배를 불문하고 어미 묘에서 쏟아진 씨앗이 화분 가득 나오는 것을 쉽게 목격 할 정도로 번식이 잘되므로 대량증식에는 별 어려움이 없다. 꺾꽂이도 가능하지만 잘 사용하지 않는다. 꺾꽂이가 필요할 때는 장마 때에 하는데, 다습하지 않게 유의하여야 한다. 정식은 초가을에 해준다.

(2) 분화재배와 정원재배

용토는 별로 가리지 않는다. 다만 분화 재배 시 화분은 중간 이상의 크기를 선택하는 것이 좋다. 낙엽이 질 무렵인 9월부터 이듬해 6월까지는 햇빛을 받을 수 있게 해주고 그 이후 7~8월에는 음지에서 키우거나 30% 정도 차광을 해주어야 잎 끝이 타는 것을 방지할 수 있다. 고산성을 가진 금강초롱이나 검산초롱꽃은 특히 여름철에 통풍이 잘되고 덥지 않게 관리해야 실패하지 않는다. 겨울에는 추운 바람을 피할 수 있는 곳에 관리한다. 물주기는 흙 마름을 보아 하루 한 번으로 족한데, 건조해도 잘 견딘다. 거름은 완효성 깻묵이나 골분의 덩이비료를 5월과 9월에 화분에 2~3개씩 올려 놓아준다. 옮겨심기는 이른 봄 새싹이 나올 무렵에 활착률이 높으나 고산성인 금강초롱꽃 종류는 가을에 하는 것이 바람직하다. 금강초롱꽃은 연부병 이 많이 발달하는데, 스트렙토마이신제로 소독해 주면 어느 정도 예방이 되지만 일단 발병하면 고사한다.

3) 이용

햇볕이 잘 들고 척박한 사면지에 군식하면 대단히 아름답고 화단용으로 쓰인다. 지피식물로 좋다.

24. 패랭이꽃

1) 이름과 식물학적 특성

학 명	*Dianthus chinensis*	영 명	Indian pink
생약명	석죽(石竹)	일본명	カラナデシコ(kara-nedeshiko)
과 명	석죽과	유사종	술패랭이꽃, 난장이패랭이꽃, 갯패랭이꽃
		분 포	전국 산야, 중국, 러시아 극동부

낮은 지대의 건조한 곳이나 냇가 모래땅에서 자라는 다년초로 높이가 30cm에 달하고 여러 대가 같이 나와 곧추 자라며 전체에 분백색이 돈다. 잎은 대생하고 선형 또는 피침형으로 끝이 뾰족하며 밑부분이 서로 합쳐져서 짧게 통처럼 되고 가장자리가 밋밋하다. 꽃은 6~8월에 피며 윗부분에서 약간

의 가지가 갈라지고 그 끝이나 꽃이 1개씩 핀다. 꽃받침은 원통형이며 길이 2cm로 끝이 5개로 갈라지고 그 밑에 있는 소포는 보통 4개이며 꽃받침통과 길이가 같거나 1/2 정도이다. 꽃잎은 5개이고 밑부분이 가늘며 길고 단부는 옆으로 퍼지며 가장자리가 얕게 갈라지고 바로 그 밑에 짙은 무늬와 더불어 긴 털이 약간 있다. 수술은 10개, 암술대는 2개이며 삭과는 끝에서 4개로 갈라지고 꽃받침으로 둘러싸인다.

2) 재배학적 특성

(1) 번식방법

꺾꽂이나 종자파종이 다 잘 되는데 패랭이꽃은 그루가 쉽게 쇠약해지는 씨앗번식보다 줄기 꺾꽂이로 증식시키는 것이 안전하다. 씨앗으로 증식할 경우에는 채취한 종자를 냉장고에 보관하여 휴면시킨다. 이듬해 3~4월경 고운 모래에 뿌려 밤의 신성한 공기를 받게 하면 발아가 된다. 발아 후에는 먼저 배양토에 옮겨 심어야 한다.

(2) 분화재배와 정원재배

거의 분화용으로 재배하는데, 요즈음 절화용으로도 각광을 받고 있으며 또한 집단 재배용으로도 훌륭하다. 분화용으로 재배할 경우에는 얕은 초벌구이 화분이 꽃과 잘 어울린다. 배양토는 강모래에 굵은 마사가 섞인 것이 좋고, 일 년 내내 햇볕이 잘 드는 곳에서 재배하는 것이 좋다. 물은 봄과 가을은 하루에 한 번, 여름에는 아침 저녁으로 두 번 주어야 하는데 흠뻑 준다. 겨울철에는 겉 흙이 마르면 주는데 보통 5~6월에 한 번씩 주면 되고 비료는 그다지 좋아하지 않는다. 분화용으로 재배하려면 2~3개의 덩이 비료로 충분한다.

3) 이용

공원이나 가로변 화단, 광장 등지에 군식하면 매우 좋다. 성질이 강건하여 절개지 등에 식재해도 효과적이다.

참고문헌

김규원. 2010. 꽃과 화훼. 부민문화사.

김종기, 문원, 박윤문, 이지원. 2010. 원예작물학(수확 후 품질 관리론 포함). 농민신문사.

농촌진흥청 농촌자원개발연구소. 2006. 제7개정판 식품성분표 I.

박석근, 부희옥, 서병기, 홍경훈. 1998. 원시인이 꼭 알아야 할 용어 384가지 기초 원예용어집. 도서출판 서원.

박석근, 정경진. 1995. 한국민속채소의 효능과 이용. 도서출판 서원.

박석근, 정현환, 정미나. 2011. 한국의 정원식물 초본류. 한국학술정보(주).

서울시립대학교 환경화훼연구실. 2008. 화훼식물명 용어 해설. 월드사이언스.

안덕균. 1998. 원색 한국본초도감. (주)교학사.

안상득, 장병호, 이명선, 권병선 외. 1993. 자원식물학개론. 선진문화사.

안영희, 이택주. 1997. 자생식물대백과. 생명의 나무.

이영노. 1996. 원색한국식물도감. 교학사.

이정석, 이계한, 오찬진. 2010. 새로운 한국수목대백과 도감(上·下). 학술정보센터.

이정식, 윤편섭. 1996. 자생식물학-야생화를 중심으로. 도서출판 서일.

이창복. 2003. 원색 대한식물도감(상·하). 향문사.

임웅규, 박석근, 류종원, 사동민, 이미순, 임규옥. 1996. 자원식물학. 도서출판 서일.

http://www.nature.go.kr/kpni/general/Prgb01/Prgb1_1.jsp

http://www.nature.go.kr/wkbik0/wkbik0003.leaf

찾아보기

한글 찾아보기

【ㄱ】

【ㄴ】

【ㄷ】

【ㄹ】

【ㅁ】

영문 찾아보기

【D】

【E】

【F】

【G】

【H】

【I】

【J】

【L】

【M】

【N】

【O】

【P】

【R】

【S】

박석근(朴奭根, Park Suk-Keun)

서울대학교 농학과 학사, 석사, 박사(약용식물학 전공)
일본 동경농업대학 농학과 원예학 전공 원예시스템학연구실 Post-Doc.

서울대학교 천연물과학연구소(생약연구소) 연구원
신구대학 도시원예과 조교수
일본 동경농업대학 객원연구원
삼육대학교 원예학과 겸임교수
건국대학교 농축대학원 생명산업학과 원예특작전공 겸임교수

현) 건국대학교 생명환경과학대학 분자생명공학과 강의교수
한국식물원연구소 소장
한국도시농업연구소 소장
한국꽃차협회 회장
한국테마식물원연구회 회장
(사)한국원예치료복지협회 부회장
한국자원식물학회 상임이사
한국농촌관광학회 상임이사

bgarden2000@hanmail.net